裸露山体治理与水土保持

戴金水　刘灼华　张　强　编著

黄河水利出版社
·郑州·

图书在版编目(CIP)数据

裸露山体治理与水土保持／戴金水，刘灼华，张强编著. —郑州:黄河水利出版社,2010. 7

ISBN 978 - 7 - 80734 - 857 - 3

Ⅰ. 裸…　Ⅱ. ①戴…　②刘…　③张…　Ⅲ. ①矿区环境保护—研究②山坡地—水土保持—研究　Ⅳ. ①X322②S157

中国版本图书馆 CIP 数据核字(2010)第 130257 号

组稿编辑:岳德军　手机:13838122133　E-mail:dejunyue@163. com

出 版 社:黄河水利出版社

地址:河南省郑州市顺河路黄委会综合楼 14 层　　邮政编码:450003

发行单位:黄河水利出版社

发行部电话:0371 - 66026940、66020550、66028024、66022620(传真)

E-mail:hhslcbs@126. com

承印单位:河南省瑞光印务股份有限公司

开本:787 mm×1 092 mm　1/16

印张:8. 5　　插页:8

字数:220 千字　　印数:1—1 000

版次:2010 年 7 月第 1 版　　印次:2010 年 7 月第 1 次印刷

定价:29. 00 元

前 言

我国是一个水土流失严重的国家，超过国土面积50%的山地、丘陵、黄土高原存在大量裸露坡面，侵蚀相当严重，这些地区是我国水土流失防治的重点区域。特别是改革开放30多年来国家基本建设速度加快，在修公路、铁路，采石、开矿，建水库、电站等施工过程中形成大量裸露坡面工程创伤，针对这些裸露坡面工程创伤进行治理和开展水土保持工作已经成为我国生态文明建设的重要任务。

以裸露山体矿山为例，石材是人类赖以生存的物质基础，是人类不可缺少、不可再生的自然资源，同时，又是人类生存环境的重要组成部分。古有击石取火，今有石材建筑等等，这些都使人类与石材结下了不解之缘。20世纪80年代以来，随着改革开放和我国经济的快速发展，各项建设工程相继启动，对于建筑材料特别是各种石材的旺盛需求，促使各地形成了许多裸露山体。众多的裸露山体矿山开发虽然满足了经济建设发展的需要，但由于过度开采，缺少科学治理，相关政策法规不健全，由此而产生了一系列严峻的环境和社会问题，如造成水土流失、边坡失稳、环境污染，产生安全隐患，破坏城市生态景观等，已经对社会经济的可持续发展构成了严重威胁。正确认识问题的严重性，研究开发科学的治理方法已成为政府和社会公众必须解决的生态文明建设重要课题。废弃裸露山体的治理首先要解决裸露山体边坡的稳定问题，在坡面稳定的基础上采用景观生态学、环境生态学、恢复生态学、土壤肥料学、植物学、水土保持学、园林园艺学等学科技术，采取工程措施和生物措施相结合的系统工程，实现草、灌、乔相结合，生态效益和社会效益相结合，预防与治理并举，尽可能减轻裸露山体水土流失，改善生态环境，达到资源开发与水土保持和生态环境改善相协调。本书既是开展裸露山体治理与水土保持相关课题的总结，也是裸露山体和矿山治理经验的提炼。

本书由戴金水、刘灼华、张强、张玉昌、高丽霞、于浩森、袁智雷等编著。仲恺农业工程学院高丽霞研究员、刘念教授，东北大学邹宇超教授，广东省水利厅深圳市水土保持办公室陈霞高级工程师等审阅了本书的部分章节，在此深表谢意。

本书既可供裸露山体、矿山治理与水土保持规划、设计和施工人员阅读参考，也可供大专院校的相关专业教学参考。

作 者

2010年5月

目　录

第 1 章　裸露山体治理概述

1.1　裸露山体基本现状和基本特征

裸露山体按形成方式可大致分为自然形成的和工程创伤形成的两种，本书重点讨论的是工程创伤形成的裸露山体（矿山等）的整治和水土保持。

由于裸露山体矿山大多没有完善的开采制度，在开采的时候往往为了追求高的经济效益而不顾一切后果，采后裸露山体存在着很大的隐患和引发一系列的问题。废弃矿山裸露山体主要有以下几个特征。

第一，裸露山体矿山具有数量过多、规模过小、分布不集中和规划布局不合理等特征。裸露山体承包商为了追求经济效益，总是想方设法采取各种手段来降低开采过程中的成本而不顾采后可能引发的各种问题，这样，大大小小的裸露山体便随处可见，而且多以城市主干道、城市周围为轴心来缩短运输距离，从而致使大部分裸露山体分布于交通线路附近、风景区附近和城乡结合部的禁采区内。这样不但影响了城市自然景观和城市对旅游者、投资商及当地居民的吸引力，还破坏了当地的生态环境，造成土地资源破坏、水土流失等一系列环境问题。

第二，裸露山体自然条件、立地条件十分恶劣，复垦技术不成熟，生态恢复难度很大。裸露山体矿山在开采之前由于没有制定出规范、可行的施工计划和做好安全防范措施，在开采过程中往往不能全面考虑裸露山体的位置、角度、坡向和走向及废渣的堆放等，导致裸露山体复垦时需要的土方量和水土保持任务很大；同时，在开采的时候没有采用台阶式开采或者边开采边复绿方式，从而留下了陡峭的石壁，加大了植树种草的难度，更无法保证植物的正常生长。

第三，裸露山体地质条件复杂、形态各异，因此生态恢复技术要求也不相同。裸露山体之间的地质条件各不相同，就连同一个裸露山体的不同部位的地质条件也有所差别。在进行裸露山体复绿的时候就要根据实际情况，遵循因地制宜、综合运用的原则对裸露山体进行生态修复。根据各类裸露山体状况，特别是开采后的地质结构与外貌特征，一般采后裸露山体可分为以下四部分：①由剥离表土与开采或加工产生的废石堆积而成的废石堆放场或排土场。该部分主要是由散砂石构成的，边坡非常疏松，每当雨季到来的时候，由于雨水的冲刷容易造成泥水泛滥，坡面水土流失严重并通常伴有坍塌等环境问题。废石堆放场或排土场通常坡度比较缓，疏松的坡面植物容易扎根，所以比较容易开展施工，进行植被生态恢复。②采石后余留下来的岩石边坡。该部分岩壁坡度较大，一般在50°～70°，通常由坚硬的碎石和石块构成，但有的余留边坡还保存着开采期间使用的人行小道，所以在复绿的时候只要采取一定的工程措施，保证植物在生长初期有足够的营养并采取科学的养护管理措施，就可以完成对该部分的生态恢复工作。③石材被挖后留下的平台或坑口迹地。该部分基本上都是坚硬的石头，对植物生长很不利，由于开采留下了平台，给承受土壤提供了便利，对该部分进行复绿首先要解决的是土壤问题。在遵循因地制宜的原则下选择客土法对它覆盖10～20 cm的土层进行复绿。④石壁。石壁是裸露山体的重要组成部分，其最大的特征就是壁面光滑，无任何基质的存在，而且坡度极大，大多超过80°，甚至高达90°，是名副其实的“悬崖峭壁”。石壁的复绿极其艰难，几乎是生态恢复中的难度极限。其中主坡壁的复绿是裸露山体复绿工作的重点和难点。

1.2 裸露山体治理和水土保持、生态修复的迫切性

世界各地几乎都存在着裸露山体引起的环境问题。以广东省为例，陈法扬(2002)的统计数据表明，目前在广东省总计约有13 000个裸露山体，涉及土地面积超过30 000 hm^2，其中深圳市2 020 km^2的土地中，就有大大小小的废弃裸露山体600多个。裸露山体矿山在开采的过程中一般都会出现植被的破坏、地表土体的剥离、岩石的开采与破碎产生尘土等现象。这些现象的发生破坏了原始生态系统的稳定和良性循环，影响人类的生存环境，产生了严重的环境危害和地质灾害等问题。

1.2.1 裸露山体的地质灾害隐患

裸露山体矿山初始地形的改变影响了地下水的动态，导致小的可渗透层分解，使裸露山体表面扩散出或渗出流量。在旧的采石面上水流穿过了砂层并导致主要的应力过程，如滑坡、崩塌。此外，裸露山体弃渣量大，大量的废渣堆积在山坡或沟谷，废石与泥土混合堆放，使废石的摩擦力减小，透水性增加，在暴雨下极易诱发泥石流。还有的裸露山体弃渣大都堆放在河道两侧，影响泄洪，威胁公路安全，容易引发山洪、泥石流等地质灾害。

1.2.2 裸露山体对土地资源的影响

裸露山体矿山开挖山体可能侵占大量土地。矿体开采和基础设施的建设需要开挖土地。建设期间产生的弃土、石和运营期间的废石除在废裸露山体集中处理外，大部分以临时堆放的形式占压土地。矿山开发活动中的永久性占地和临时性占地将会导致矿区土地功能和土地利用结构的变化，使区域自然体系的生产能力受到一定影响。在矿山服务期满后，矿区所在地变为不适合农林利用的土地，因此采矿对矿区的影响将会延续相当长的时间。

1.2.3 裸露山体影响城市景观和自然景观

承包商为了赢取更高的经济效益往往将裸露山体选在交通便利的城市主干线和城市各景点附近，根据景观生态学原理，交通道路(廊道)是城市景观的骨架，是一个城市形象的重要组成部分，道路附近的景观直接影响着来往人流对城市的直观印象。废弃的裸露山体留给城市的是残缺不全的光秃秃的山体缺口，给健康城市的皮肤抹上了一道道疤痕，严重影响了城市景观和自然景观。

1.2.4 裸露山体加剧环境污染和水土流失

由于裸露山体矿山在开采的过程中破坏了地表植被，使整个山体石头裸露在外，在失去地被植物防风固沙、保持水土的功能后，岩体坡面稳定性能减弱，崩塌现象时有发生，在雨水的冲刷作用下，水土流失严重，泥石流和滑坡现象时常发生，从而又间接地危及人类生命财产安全和工程设施的安全；形成的泥石流还会毁坏周边的林地、堵塞交通管道等，从而降低了城市的防洪能力，每当山洪来临的时候地下水道无法正常泄洪，给周边环境带来了负面影响；裸露山体在爆破和石块破碎过程中产生的噪声和粉尘影响了周边居民的健康生活，造成的污染破坏了生态系统的稳定性。

1.2.5 裸露山体影响居民建筑，污染饮用水源

大多数裸露山体矿山为了能够充分利用廉价劳动力，会把场址选择在民居附近，由于当地居民的住宅多是民房，裸露山体爆破产生的震动容易造成居民住宅发生裂缝变形，从而危及他们的生命财产安全。部分裸露山体还会布置在饮用水源保护区内，开采过程中产生的化学与物理污染物对水质产生了一定的影响。

1.2.6 裸露山体对于生态系统的破坏

一般来说，裸露山体矿山的开采以适量适度为宜，但在经济利益的驱使下，一部分裸露山体经营者抱着“要发财、勤开采”、“采矿卖石是致富的快速途径”等错误思想。在一段时间内掀起了采石热潮，大家积极采矿，大大小小的裸露山体遍地开花，屡禁不止，把对生态环境的保护和可持续发展观抛到脑后，严重破坏了生态系统。

方华等(2006)专家指出，裸露山体的生态恢复是实现经济社会可持续发展的必然选择，是我国国情和国家政策的客观要求，是社会发展的必然结果，对改善生态环境具有重要的实践意义。人类社会经济的发展离不开对自然资源的利用，但也必须确保有良好的生存环境。只有人类、资源、环境相互协调，才可能有利于经济社会的可持续发展。因此，要实现社会经济可持续发展，社会不断进步，构建一个人与自然和谐共处的绿色、文明的社会，务必对自然资源进行合理利用和保护。在裸露山体的治理中就要求进行科学规划、合理开采，加强开采中的环境保护和废弃裸露山体的生态修复，做到资源的可持续利用。

通过对裸露山体进行整治复绿和水土保持，可以提高其自身的经济效益、社会效益和生态效益；降低裸露山石对周边环境的破坏程度，增强人文景观和自然景观效果；在保护生态平衡和维持生物多样性方面起到了积极重要的作用；同时，复绿后的裸露山体也给动物提供了更好的栖息之地，裸露山体整治复绿后还具有调节气温、减低噪声、净化水体等功能。

1.3 国外相关裸露山体治理现状介绍

鉴于裸露山体、裸露岩体对生态环境和经济的不良影响，世界各国均对裸露山体的整治给予重视，早在 20 世纪 80 年代，一些发达国家便已立法，要求对所有采石裸地进行综合治理，凡开发中的裸露山体，一律采用台阶式开采方法，边开采边复绿。由于裸露山体

开采立面普遍存在立面高、坡度陡、无土层、易淋溶、植物生长环境恶劣等问题,石壁立面绿化一直是裸露山体生态环境建设的重点和国际性难题。近年来,欧、美、日等发达地区和国家已开发出多种立面石壁绿化方法和技术,主要有客土植生带法、纤维绿化法、生态多孔混凝土绿化法、厚层基材喷射绿化法、挂网喷混法和穴植攀爬植物法等。国内部分科研单位和园林绿化企业亦进行了一些相关研究与应用探索,在植物品种筛选、土壤改良剂、保水剂、黏着剂及施工方法上取得了一些科研成果,在裸露山体石壁立面绿化方面开展了一些探索性工程项目。但由于我国独特的地理位置和气候条件,植物生长条件不同于邻近的日本,故在其他地方成熟的技术,应用于我国尤其是华南地区还存在诸多困难。由于缺乏科学理论和适用技术的指导,目前的很多石质边坡绿化工程技术,普遍存在立面生境改善不明显、群落结构简单、景观难以为继以及成本高、难操作等问题,亦缺乏对于外来物种的生态风险考虑,因而难以大范围推广应用。

近年来,广州、深圳等地有关部门亦采取相应的管理措施,要求营业中的裸露山体同国际上的成功做法接轨,用台阶式的开采方法运作,边开采边复绿。

1.4 裸露山体治理和水土保持的依据及引用标准

近年来,国家十分重视生态文明建设,也出台了一系列关于环境治理和水土保持的法律、法规以及国务院文件、部委规章及相关标准。

1.4.1 法律、法规

(1)《中华人民共和国水土保持法》,全国人大,1991 年 6 月;

(2)《中华人民共和国环境影响评价法》,全国人大,2002 年 10 月;

(3)《中华人民共和国水土保持法实施条例》,国务院,1993 年 8 月。

1.4.2 部委规章

(1)《开发建设项目水土保持方案管理办法》,水利部、国家计委、国家环保局,1994 年 11 月;

(2)《开发建设项目水土保持方案编报审批管理规定》,水利部 5 号令,1995 年 5 月;

(3)《水土保持生态环境监测网络管理办法》,水利部 12 号令,2000 年 5 月;

(4)《开发建设项目水土保持设施验收管理办法》,水利部 16 号令,2002 年 11 月;

(5)《水利部关于修改部分水利行政许可规章的决定》,水利部 24 号令,2005 年 7 月 8 日;

(6)《水利部关于修改或者废止部分水利行政许可规范性文件的决定》,水利部 25 号令,2005 年 7 月 8 日。

1.4.3 规范性文件

(1)《全国生态环境建设规划》,国务院,1998 年 11 月;

(2)《全国生态环境保护纲要》,国务院,2000 年 12 月。

1.4.4 规范标准

(1)《水土保持综合治理 技术规范》(GB/T 16453.1～16453.6—1996);
(2)《水土保持综合治理 验收规范》(GB/T 15773—1995);
(3)《室外排水设计规范》(GB 514—87);
(4)《土壤侵蚀分类分级标准》(SL 190—2008);
(5)《水土保持监测技术规程》(SL 277—2002);
(6)《水利水电工程制图标准水土保持图》(SL 73.6—2001);
(7)《城市防洪规划编制大纲》(水利部,1991 年);
(8)《防洪标准》(GB 50201—94);
(9)《住宅建筑规范》(GB 50368—2005);
(10)《开发建设项目水土保持技术规范》(GB 50433—2008);
(11)《开发建设项目水土保持防治标准》(GB 50434—2008);
(12)《滑坡防治工程设计与施工技术规范》(DZ 0240—2004);
(13)《建筑边坡工程技术规范》(GB 50330—2002);
(14)《土地复垦技术标准》(试行)(UDC—TD);
(15)《森林生态系统定位观测指标体系》(LY/T 1606—2003);
(16)《造林技术规程》(GB/T 15776—1995);
(17)《森林土壤测定方法》(GB 78(30－92)—87);
(18)《生态公益林建设技术规程》(GB/T 18337.2—2001)。

近年来,我国许多省(市)都加大了对裸露山体的治理和水土保持的工作力度,相继出台了地方性法规、政策或政府文件,所有这些都推动了裸露山体的治理和水土保持工作的开展。

1.5 裸露山体治理原则

1.5.1 长期安全原则

裸露山体治理工程是一项利及千秋的系统工程。为保障治理工程的长远效益和安全,必须采用多学科交叉的科学技术,科学、合理、安全的设计方法和规范的治理、管理措施,最大限度地避免建设期和管理期中可能发生的滑坡、崩塌、飘台倒塌等安全问题。在施工过程中也必须贯彻安全第一的思想。

1.5.2 生态优先原则

裸露山体治理工程又是一个生态恢复工程,生态修复的目的主要是要营造一个与周围环境协调发展的、能够自我调节的小生态环境,以利于整个生态系统的平衡。所以,在复绿过程中务必遵循“生态优先”和“可持续发展”的原则,依照恢复生态学、水土保持学等有关学科的理论指导,采用一系列科学合理的工程技术措施和生物技术措施,以恢复与营造一个良好的生态环境和取得最佳的生态效益、社会效益及经济效益为目的,并采用科学合理的养护管理措施,正确处理好先锋植物和目标植物的关系,并保护好目标植物和目标群落,使人工营造的植物群落逐步向自然群落过渡,最终形成一个可自我更新、循环并进展演替的稳定、高效的生物群落,进而维持当地生态系统的平衡,改善人类生存环境,提高城镇的自然景观和人文景观。

1.5.3 景观再造原则

裸露山体复绿工程应在"生态优先"、"可持续发展"和依照当地城镇建设总体规划要求的前提下,综合考虑工程地质、边坡高度、地理条件、环境条件等因素,尽可能采用综合开发利用的方式,因地制宜,科学设计,合理布局,通过各种科学的工程技术将废弃的裸露山体矿山营造成能够为人类提供休憩、运动、观光旅游及其他活动的公共场所。如珠海的板樟山森林公园,深圳的凤凰山矿山公园、莲花山公园等,都是将原有的废弃裸露山体通过景观再造法而形成的为人类提供活动场所和休憩环境的典型例子。

1.5.4 注重景观原则

裸露山体复绿工程同时也是一个景观恢复工程,通过人工创造环境最终向自然景观演替,形成一个可自我更新、循环并进展演替的稳定高效的生物群落。所以,裸露山体复绿工程不是一个盲目的景观恢复工程,它必须考虑工程本身的景观效果,以及与周边环境的相互协调关系。尽可能地设计和营造一个赏心悦目、美观得体的城市生态景观,充分发挥绿化植物的生态效益和社会效益。

1.5.5 长期效益原则

裸露山体复绿是一个长期而艰巨的任务,复绿效果不可能在短时间内达到设计要求,同时,该工程是一个福泽当代、利及千秋的环境生态工程,复绿的目的是形成一个可自我更新、循环并进展演替的稳定高效的生物群落。所以,工程必须从长远效益出发,设计和营造一个可以长期发挥效益的自然、优美的生态景观工程。

1.5.6 经济效益原则

裸露山体复绿工程要求在满足上述原则的前提下,采用一系列科学、合理的技术方法和工程措施,将工程造价控制在一个合理的水平,尽可能地提高工程投入的经济效益。

1.5.7 施工安全原则

工作人员在施工和养护过程中经常要高空作业,为了保障工作人员的安全,必须对工程地质条件加以熟悉,从设计环节入手,采用科学、合理、安全的设计,采取各种保障施工期、养护期安全的技术措施,确保施工和养护期间工作人员的安全。

1.5.8 规划先行、因地制宜的原则

由于裸露山体分布不太集中，而且裸露山体地质、地形条件复杂，施工环境恶劣，情况各异，因此裸露山体生态修复应该根据各裸露山体的具体情况进行具体分析，在裸露山体开采之前就进行合理规划，并收取充足的复绿保证金，尽可能地避免裸露山体复绿中遇到不必要麻烦，保证复绿工程的正常运行，因地制宜地选用一种或多种相土建技术相结合的复绿方式，以求达到更好的复绿效果和生态效益。

1.5.9 适地适树原则

裸露山体复绿工程在选用植物时，应该按照“适地适树”的原则，优先选用当地优良的乡土植物，特别是本地区的原有物种，以及一些能够适应本地气候和生长条件的优良的外来植物，并要求植物具有良好的抗逆性（耐旱、耐瘠等）和本地适应性；选择植物时还要考虑多选择具有改良土壤能力的固氮植物，不要选用生长势超强的有害植物，如“微甘菊”、“紫茎泽兰”之类；选择植物种类时不仅要考虑植物配置方式以及在短时期内的复绿效果，更应该注重长期的发展前景，着重植物长远的效益。

1.5.10 生物多样性原则

植物种群单一的森林群落往往极易受到外界因素的干扰，其抗干扰能力远低于植物种类组成较丰富、结构较复杂的森林群落。在裸露山体复绿工程中，不能仅考虑经济效益和复绿速度，而忽视了植物群落对生态环境的影响，如选取单一的树种来进行绿化，单一的树种（如桉树林、相思林、马尾松林）等极易受到外界因素的干扰，容易出现病虫害、群落结构简单化、绿地生态功能退化、生态系统不平衡等现象。据报道，广州地区曾有过大面积的马尾松纯林，在 20 世纪 80 年代末 90 年代初遭受松突圆蚧（*Hemiberlesia pitysophila*）的袭击，出现大面积连片松林死亡的现象，给当地经济造成巨大损失，破坏了当地生态系统的稳定性，对人类的健康生活造成危害。然而，在同一地区，某些局部性的连片人工阔叶混交林和针阔叶混交林却能抵御这种虫害。因为松突圆蚧主要危害松树的生长点，虫害的扩散是通过邻近的植株逐步传播，而混交林的种类配置可以抑制该病虫害的传播途径，从而使得松树林免遭病虫害的破坏。

一个良好生态系统的建造必须依靠生物多样性，而生物多样性的维持又要依靠生态系统的存在与正常运行。生物多样性、植物群落结构合理、稳定、连续的生态系统是各种生物物种生存和栖息的理想环境，是生态系统内部环境与外部环境进行物质和能量交换、物种交流所必需的，许多动植物的生存、繁衍、迁徙，都需要以这种连续的绿色走廊为通道，一旦这些环境被破坏，就会出现食物链的简单化和生态系统的片面化，进而导致物种多样性的减少和生态效益的降低。因此，裸露山体复绿工程在选择植物的时候，不仅需要遵循适地适树的原则，还要遵循生物多样性原则，尽可能进行多种植物配置，以增加生态系统的稳定性和可持续性。在两种以上植物混种时，要考虑植物之间的“相克”作用，同时也要考虑先锋植物和目标植物的选择，尽可能地将裸露山体恢复成为具有优美景观效果的城市绿衣。

1.5.11 创新原则

由于裸露山体地质、地形条件复杂,施工环境恶劣,限制因子较多,裸露山体的治理和水土保持一直是国内外环境治理和水土保持的难题,而且现有的工程技术基本上都处在一个试验性阶段,还没有形成一个完整的施工体系和成熟的技术体系,各种技术都或多或少有自己的缺陷,植物选择和植物配置方法也存在着不尽如人意的地方,这就使得在施工过程中存在着很多隐患,复绿效果不明显。随着社会的飞速发展和科学技术的不断进步,也推动了人类对裸露山体复绿技术的研究和创新。在开展裸露山体治理和水土保持工作的过程中要打破技术的局限,采用交叉科学技术,尽量采用国内外先进成熟的新成果、新技术,争取达到更理想的裸露山体治理、生态恢复和水土保持效果。

1.6 裸露山体治理模式和程序

就裸露山体矿山生态环境治理工程的现状来看,有地质灾害治理和水土保持生态恢复两个方面,因此也涉及两种技术手段:一种是地质灾害治理和边坡稳定技术,另一种是植被恢复工程技术。第一种技术与工程地质学中的一个应用分支边坡防护工程技术等基本相同。因为露采矿山留下的开采遗迹具有共同性,几乎都呈现山体岩石裸露,表层岩石受到爆破遗迹地质构造的影响,裂隙发育,岩面凹凸不平,坡度较大,有的甚至出现反坡。由此可见,露采矿山的地质灾害治理,其实就是工程地质中的边坡治理、边坡稳定性和边坡防护的问题,因此其工程技术完全可以照搬边坡的相关技术方法。

裸露山体矿山环境整治工程可按治理方式分为综合治理型、景观再造型、生态复绿型和土地整理型四种主要整治模式(见表1-1)。

表1-1 主要整治模式

整治模式	具体内容	适用范围	主要手段
综合治理型	边坡稳定治理和生态复绿,场地土地平整,作为建设用地或农林用地	适宜于重要城镇周边对生态环境有重大影响的,裸露山体矿区面积较大、具有较大开发利用价值的以及存在较大安全隐患的整治矿山	边坡稳定治理可采用坡率法、人工加固等方法,生态复绿可采用直接植树、普通喷播、挂网客土喷播、厚层基材喷播等方法
景观再造型	采用"复绿、留景、点缀、修饰"的理念和技术手段,恢复生态环境和景点开发相结合	适宜于主要城镇、风景区、历史文化保护区附近、人流量较大、有造景需求和条件的整治矿山	通过规划和景观设计,合理运用生态复绿、岩面裸露等方式,开发与周边相协调的新景点
生态复绿型	边坡进行适当处理后,在确保稳定的原则下进行单纯边坡复绿	适宜于重要交通干线两侧可视范围内、场地面积较小的、边坡稳定的整治矿山	生态复绿可采用直接植树、普通喷播、挂网客土喷播、厚层基材喷播等方法
土地整理型	直接将场地推平,新增土地面积	适宜于开采多年的老矿山,山体已基本采完,场地高低不平、不规则	采用挖高垫低的方式平整土地,覆客土或整理成具有微地形的地貌

裸露山体矿山环境整治工程程序一般可按图 1-1 进行。

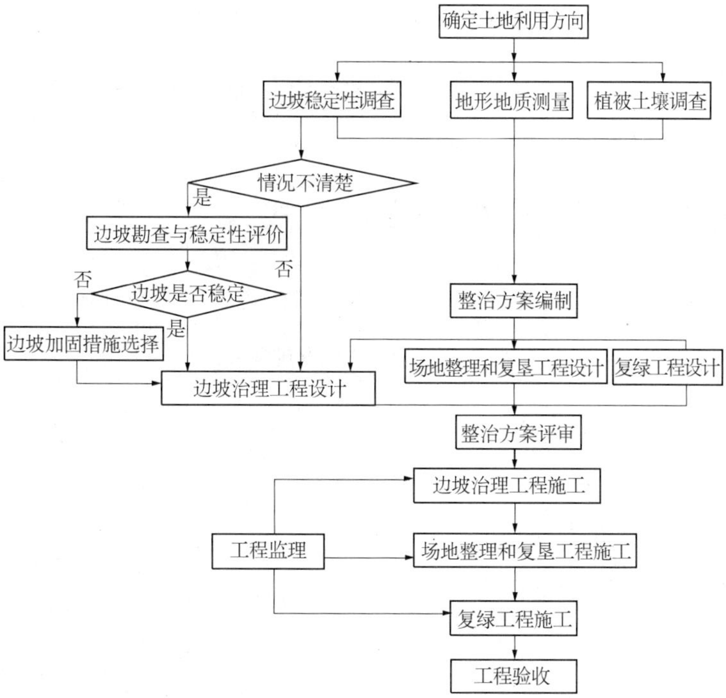

图 1-1　裸露山体矿山环境整治工程程序框图

第2章　裸露山体的稳定治理和地质灾害防治

2.1　裸露山体边坡类型与破坏形式

裸露山体边坡可分为土质边坡和岩质边坡。岩质边坡的主要破坏形式见表2-1。

表2-1　岩质边坡的主要破坏形式

<table>
<tr><th>破坏形式</th><th colspan="2">岩体特征</th><th>破坏特征</th></tr>
<tr><td rowspan="3">滑移型</td><td rowspan="2">由外倾结构面控制的岩体</td><td>硬性结构面的岩体</td><td rowspan="2">沿外倾结构面滑移，分单面滑移与多面滑移</td></tr>
<tr><td>软弱结构面的岩体</td></tr>
<tr><td>不受外倾结构面控制和无外倾结构面的岩体</td><td>整体状岩体，巨块状、块状岩体，碎裂状、散体状岩体</td><td>沿极软岩、强风化岩、碎裂结构或散体状岩体中不利滑动面滑移</td></tr>
<tr><td>崩塌型</td><td colspan="2">危岩</td><td>沿陡倾、临空的结构面塌滑；由内、外倾结构不利组合面切割，块体失稳倾倒；岩腔上岩体沿竖向结构面剪切破坏坠落</td></tr>
</table>

2.2　裸露山体稳定性调查

2.2.1　调查范围

调查范围包括整治区内的边坡地段、迹地、马道等。

2.2.2　调查内容

（1）地质构造条件：地质构造、地层岩性、产状、厚度、断裂、节理、裂隙发育特征、地震烈度等。

（2）地形地貌条件：边坡坡度、坡向，地层倾向与边坡坡向的组合关系等。

（3）水文地质、工程地质条件：地下水类型、分布、补径排条件，边坡周围地表水渗入对边坡的影响，采矿等人为工程活动对边坡的破坏情况等。

2.2.3　调查方法

边坡稳定性地质调查应采取资料收集和野外调查方式进行。调查方法应采用地形图调绘(比例尺 1/5 000 ~ 1/10 000),也可采用航片判读、地形图与实地调查相结合的方法。调查应对裸露山体矿山是否存在地质灾害隐患提出明确的结论,必要时应进一步开展边坡勘查与稳定性评价工作。

2.3 裸露山体的勘查

2.3.1 勘查范围

裸露山体边坡的勘查范围应包括不小于岩质边坡高度或不小于 1.5 倍土质边坡高度,以及可能对整治区有潜在安全影响的区域。

2.3.2 勘查内容

(1)地形地貌特征。地貌调查内容应包括项目区内的地形、地面坡度、沟壑密度、地表物质组成、土地利用类型等。

(2)岩土的类型、成因、性状、覆盖层厚度、基岩面的形态和坡度、岩石风化和完整程度。

(3)岩、土体的物理力学性能。

(4)主要结构面(特别是软弱结构面)的类型和等级、产状、发育程度、延伸程度、闭合程度、风化程度、充填状况、充水状况、组合关系、力学属性和与临空面的关系。

(5)气象、水文和水文地质条件。气象调查内容应包括项目区所处气候带,干旱及湿润气候类型,气温,大于等于 10 ℃有效积温,蒸发量,多年平均降水量、极值及出现时间,降水量年内分配,无霜期,冻土深度,年平均风速,年大风日数及沙尘天数。水文调查内容应包括一定频率(5 年、10 年、20 年一遇)、一定时段(1 h、6 h、24 h)降水量,地表水系,河道不同设计标准对应的洪水位等与工程防护布设和设计标准相关的水文、气象资料。调查方法应以收集和分析资料为主,辅以必要的野外查勘。气象资料系列长度宜在 30 年以上。

(6)不良地质现象的范围和性质。

2.3.3 勘查方法

边坡勘查主要用地面测绘与钻探、坑(井)探和槽探等方法结合进行,必要时可辅以硐探和物探方法。

2.3.4 勘探线布置

勘探线应垂直于边坡走向或平行于可能滑动的方向布置,其间距应视地质条件的复杂程度而定,对每一单独边坡段勘探线不宜少于 2 条,每条勘探线不应少于 2 个勘探点。勘探点一般应布置在坡顶、坡腰、坡脚处,深度根据工程地质测绘资料分析确定。主要岩土层和软弱层应采集试样进行物理力学性能试验。

2.3.5 边坡勘查报告应包括的主要内容

(1)在查明边坡工程地质和水文地质条件的基础上,确定边坡类别和可能的破坏形式;

(2)提供验算边坡稳定性、变形和设计所需的计算参数值;

(3)评价边坡的稳定性,并提出潜在的不稳定边坡的整治措施和监测方案的建议;

(4)提出边坡整治设计、施工注意事项的建议;

(5)对所勘查的边坡工程是否存在滑坡(或潜在滑坡)等不良地质现象作出结论。

2.3.6 边坡勘查的其他要求

具体参见《建筑边坡工程技术规范》(GB 50330—2002)和《开发建设项目水土保持技术规范》(GB 50433—2008)。

2.4 裸露山体边坡稳定性评价

2.4.1 边坡稳定性评价方法

应在充分查明工程地质条件的基础上,根据边坡岩土类型和结构,综合采用工程地质类比法和极限平衡计算法进行边坡稳定性评价。

2.4.2 边坡稳定性定性判断

在进行边坡稳定性计算之前,应根据边坡水文地质、工程地质、岩体结构特征以及已经出现的变形破坏迹象,对边坡的可能破坏形式和边坡稳定性状态作出定性判断,确定边坡破坏的边界范围、边坡破坏的地质模型,对边坡破坏趋势作出判断。

2.4.3 边坡稳定性计算方法

根据边坡类型和可能的破坏形式,可按下列原则确定:

(1)土质边坡和较大规模的碎裂结构岩质边坡宜采用圆弧滑动法计算。

(2)对可能产生平面滑动的边坡宜采用平面滑动法进行计算。

(3)对可能产生折线滑动的边坡宜采用折线滑动法进行计算。

(4)对结构复杂的岩质边坡,可配合采用赤平极射投影法和实体比例投影法分析。

(5)当边坡破坏机制复杂时,宜结合数值分析法进行分析。

2.4.4 边坡稳定性系数的计算

参见《建筑边坡工程技术规范》(GB 50330—2002)。

2.4.5 边坡稳定安全系数

边坡稳定性验算时,稳定性系数应不小于表 2-2 规定的安全系数的要求,否则应对边坡进行治理。

表 2-2　边坡稳定安全系数

计算方法	建设用地[①]	农、林、渔业等其他用途[②]
平面滑动法 折线滑动法	1.35	1.25 ~ 1.30
圆弧滑动法	1.30	1.20 ~ 1.25

注:①对地质条件很复杂或破坏后果极严重的边坡,其稳定系数宜适当提高;

②根据工程的重要程度,较为重要的取高值。

2.5　裸露山体边坡治理

2.5.1　一般规定

(1)边坡治理方案应根据边坡稳定性调查、勘查资料、稳定性评价结论及边坡安全等级要求,通过技术经济分析后确定。一般可选用坡率法及人工加固方法制定边坡治理方案。

(2)条件允许时,应优先考虑采用坡率法确定边坡治理方案。

(3)当条件不允许或仅采用坡率法等措施不能达到稳定边坡的要求时,需进行边坡加固。

(4)边坡加固的方法主要有抗滑桩、锚杆(索)、锚杆(索)挡墙支护、岩石锚喷支护、格构锚固、重力式挡墙、扶壁式挡墙、注浆加固等。

2.5.2　坡率法

2.5.2.1　适用范围

坡率法适用于整体稳定的岩质和土质边坡,在地下水位不发育且放坡开挖时不会对拟建或相邻建筑物产生不利影响的条件下使用。

2.5.2.2　坡率的允许值

坡率的允许值应根据经验,按工程类比的原则并结合已有稳定边坡的坡率值确定,具体可按下列规定确定:

(1)岩质边坡坡度一般应小于60°,土质边坡坡度一般应小于45°。

(2)岩质边坡高度超过15 m时应分段设置台阶,台阶高度10 ~ 15 m,宽度4 ~ 8 m;土质边坡高度超过8 m时应分段设置台阶,台阶高度5 ~ 8 m,宽度4 ~ 8 m。

(3)沿台阶应设横向排水沟。

2.5.2.3　清除与加固

采用坡率法时,对局部不稳定块体应清除,也可用锚杆(索)或其他有效措施加固。

2.5.2.4　施工方法

(1)边坡坡率法施工开挖应自上而下有序进行,并应保持两侧边坡的稳定。

(2)为了减少超挖及对边坡的扰动,机械开挖必须预留0.5 ~ 1.0 m的保护层,人工开挖至设计位置。

(3)在清除表层危岩体和确保施工安全的情况下,尽可能采用导爆索进行光面爆破或预裂爆破。凿岩一般 3 ~4 m,由上至下一次成型。以机械浅孔台阶爆破为主,并对超欠挖部分进行修整成型。

(4)块石爆破采用岩体内浅孔爆破与块体表面聚能爆破相结合的方式。对于块体厚度大于 1.5 m 而易于凿岩的块石,以岩体内浅孔爆破为主;厚度小于 1.5 m,凿岩施工条件极差的块石,以表面聚能爆破为主;厚度在 1.5 m 左右,宽厚比近于 1 的块石,可以两种方法并用。

2.5.3 裸露山体边坡加固

2.5.3.1 常用边坡加固方法

常用边坡加固方法的作用、特点及适用条件见表 2-3。

表 2-3 常用边坡加固方法的作用、特点及适用条件

加固方法	作用	特点	适用条件
抗滑桩	桩体与桩周围的岩体相互作用,将滑体的下滑力由桩体传递到滑面以下的稳定岩体	优点较多,布置灵活、施工不影响滑体的稳定性、施工工艺简单、速度快、功效高,可与其他加固措施联合使用、承载能力较大	滑面较单一,滑体完整性较好的浅层和中厚层滑体
锚杆(索)	对锚杆(索)施加预应力,增大滑面上的正应力,使滑面附近的岩体形成压密带	直接在滑面上产生抗滑阻力,增大抗滑摩擦阻力,使结构面处于压紧状态,以提高边坡岩体的整体性,从而从根本上改善岩体的力学性能,有效地控制岩体的位移,促使其稳定,达到整治顺层、滑坡及危岩、危石的目的	有明确滑动面的硬岩,特别是深层滑坡
抗滑墙	在滑体的下部修建挡墙,以增大滑体的抗滑力	优点是可以就地取材,施工方便,有一定的抗滑力;缺点是本身重量大,对下部边坡的稳定不利,施工工作量较大	滑体松散的浅层滑坡,要求有足够的施工场地和材料供应,坡顶无重要建(构)筑物
注浆法	用浆液充填岩体中的裂隙,加强整体性,并使地下水没有活动的通道	缺点是对滑动面附近地下水运动速度大、渗透性强和黏塑性强的岩土不易达到预期的效果	岩体较坚硬,有连通裂隙,且地下水对边坡影响严重的边坡区段
喷射混凝土	及时封闭边坡表层的岩石,免受风化、潮解和剥落,并可加固岩石,提高强度	可单独使用,也可与锚杆(索)配合使用。缺点是喷层外表不佳	对软弱岩体或高度破碎的裂隙岩体进行表面支护
柔性防护系统	及时防护边坡表层的岩石,以免剥落	可单独使用,也可与锚杆(索)配合使用	对软弱岩体或高度破碎的裂隙岩体进行安全防护

下面就其中主要的边坡加固方法做一分述。

抗滑桩(见图2-1)应符合下列要求:

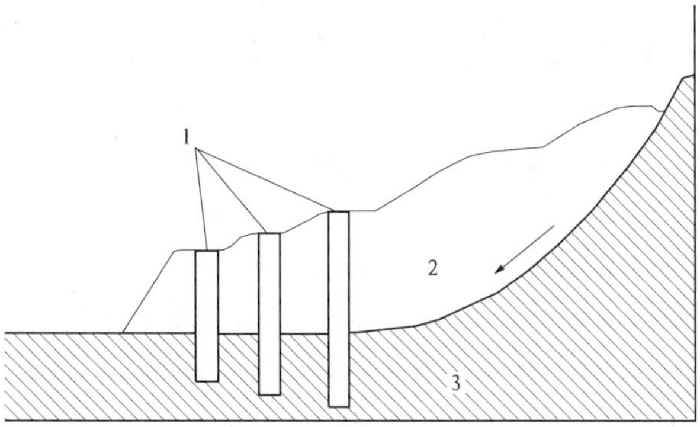

图2-1　抗滑桩

1—抗滑桩;2—滑坡体;3—不透水层

(1)抗滑桩主要适用于浅层及中型非塑滑坡前缘,不宜用于塑流状深层滑坡。

(2)根据作用于桩上土体特性、下滑力大小及施工条件等,确定抗滑桩断面及布设密度。

(3)根据下滑推力、滑床土体物理力学性质,通过桩结构应力分析确定抗滑埋深。

(4)根据滑坡体的具体情况,在抗滑桩间加设挡土墙、支撑等建筑物,与抗滑桩共同作用。

抗滑墙　为防治小型滑坡或在中小型滑坡的前缘进行填土反压整治滑坡时,采用抗滑墙工程(见图2-2)。

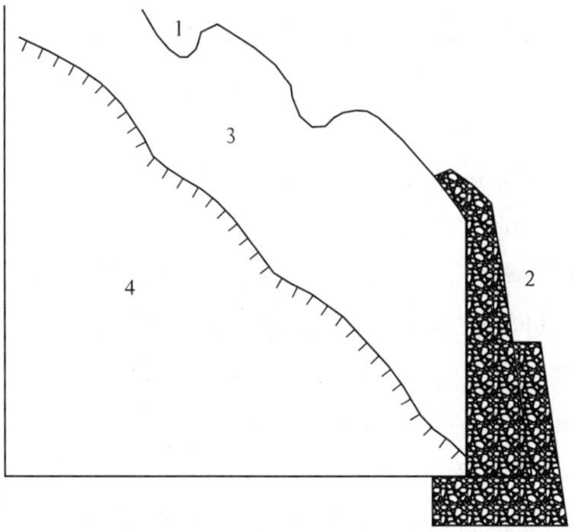

图2-2　抗滑墙

1—排水沟;2—挡滑墙并块石护坡;3—滑坡体;4—不透水层

喷浆护坡应符合下列要求:

(1)喷水泥砂浆的砂石料最大粒径为15 mm,水泥与砂石的重量比为1∶4～1∶5,砂率50%～60%,水灰比0.4～0.5,速凝剂添加量为水泥重量的3%左右。

(2)喷浆前须清除坡面活动岩石、废渣、浮土、草根等杂物,采用浆砌块石或混凝土填堵大缝隙、大坑洼。

(3)根据土料质地和情况,对破碎程度较轻的坡段,采用胶泥喷涂护坡,或用胶泥作为喷浆垫层。

混凝土护坡的设计应符合下列要求:

(1)在边坡坡脚可能遭受强烈洪水冲刷的陡坡段,采取混凝土(或钢筋混凝土)护坡,必要时应加锚固定。

(2)边坡坡度介于1.0∶1.0~1.0∶0.5、高度小于3 m的坡面,应采用现浇混凝土或混凝土预制块护坡;边坡坡度陡于1.0∶0.5的,应采用钢筋混凝土护坡。

(3)坡面有涌水现象时,应采用粗砂、碎石或砂砾等设置反滤层并设排水管;涌水量较大时,应修筑盲沟排水。

坡脚为沟岸、河岸可能遭受洪水冲刷的部分,对枯水位以下的坡脚应采取抛石护坡。抛石护坡应根据不同情况选用散抛块石、石笼抛石或草袋抛石等方式。

在基岩裂隙不太发育、无大面积崩塌的坡面,应采用喷浆机进行喷水泥砂浆或喷混凝土护坡,防止基岩的风化剥落。如果需要进一步稳定坡面,推荐喷锚护坡。

喷锚护坡工程应符合下列要求:

(1)喷浆固坡。喷射水泥砂浆厚度为5~10 cm,喷射混凝土厚度为10~25 cm,在冻融地区喷射厚度宜在10 cm以上。在地质软弱、温差大的地区,喷射厚度应相应增厚。喷射水泥砂浆的砂石料最大粒径15 mm,水泥与砂石重量比为1∶4~1∶5,砂率50%~60%,水灰比0.4~0.5。喷射混凝土时,灰砂石比(c∶s∶g)为1∶3∶1~1∶5∶3,水灰比为0.4~0.5。在坡面高、压送距离长的坡面上喷射时,采用易于压送的配合比标准,灰砂石比为1∶4∶1,水灰比用0.5。喷混凝土的力学指标应符合:混凝土标号不低于C20,抗拉强度不低于1.5 MPa(15 kg/cm^2),抗冻标号不低于S8,喷层与岩层的黏结强度在中等以上的岩石中不宜小于0.5 MPa(5 kg/cm^2)。

(2)锚杆支护。锚杆应穿过松弱区或塑性区进入岩层或弹性区一定深度。锚杆杆径为16~25 mm,长2~4 m,间距一般不宜大于锚杆长度的1/2,对不良岩石边坡应大于1.25 m,锚杆应垂直于主结构面,当结构面不明显时,可与坡面垂直。

(3)喷锚加筋支护。对软弱、破碎岩层,如锚杆和喷混凝土所提供的支护反力不足,还可加钢筋网,以提高喷层的整体性和强度并减少温度裂缝。钢筋网一般用Φ6~12 mm,网格尺寸为20 cm×20 cm~30 cm×30 cm,距岩面3~5 cm与锚杆焊接在一起,钢筋的喷混凝土保护层厚度不应小于5 cm。

(4)断面的结构设计。根据岩石类别、坡面的形状和尺寸以及使用条件等因素,按工程类比法确定喷锚支护参数,也可利用不同理论计算方法(如组合梁、悬吊、冲切等)进行计算。

(5)稳定性分析。采用有限元法、弹性理论法、材料力学法等稳定分析方法,对坡面稳定性进行分析。根据分析结果采取坡面支护工程。

格状框条护坡要求:

在路旁或人口聚集地,坡度陡于1∶1的土质、沙质坡面,可采用格状框条护坡。在坡度缓于1∶1、高度小于4 m、有涌水的坡段,可采用砌石草皮护坡。格状框条护坡种草应符合下列要求：

(1)用浆砌石在坡面上做成网格状，网格尺寸一般为 2 m^2，或将每格上部做成圆拱形，上下两层网格呈“品”字形排列。浆砌石部分宽 0.5 m 左右。

(2)一般采用混凝土或钢筋混凝土预制构件修筑格式建筑物，预制件规格为宽 20 ~ 40 cm、长 100 cm。

(3)挂网喷草(水力播种)可按照本书植被建设的有关介绍进行。

对于稳定性差的岩石坡面应采取喷浆固坡、锚杆支护、喷锚支护、喷锚加筋支护等喷锚护坡工程，特别对破碎、软弱、稳定性极差的岩层，应在开挖后立即喷射混凝土，以保证施工安全，并应符合下列要求：

(1)在基岩裂隙细小、岩层较为完整的坡段。宜采用喷混凝土或砂浆护坡。

(2)在节理、裂隙、层理发育的岩石坡面。根据岩石破坏的可能形态(局部或整体性破坏)，宜采用局部(对个别危石)锚杆加固，或在整个横断面上系统锚杆加固。

(3)对强度不高或完整性差的岩石坡面，当仅采用锚杆加固难以维持锚杆之间那部分围岩稳定时，应采用锚杆与喷混凝土联合加固。

2.5.3.2 边坡加固设计计算

抗滑桩、锚杆(索)、挡墙支护、岩石锚喷支护、格构锚固、重力式挡墙、扶壁式挡墙、注浆加固等常用边坡加固型式的设计计算。施工时应根据造成滑坡的主导因素，采取削坡反压、拦排地表水、排除地下水等措施。修建抗滑桩、抗滑墙和预应力锚固等滑坡整治工程或在滑坡体上造林，并对坡面进行防护。对于边坡坡度或削坡开级后坡度缓于1∶1.5的土质或沙质坡面，应采取植物护坡措施。

具体参见《建筑边坡工程技术规范》(GB 50330—2002)和《滑坡防治工程设计与施工技术规范》(DZ 0240—2004)等相关技术要求。

在裸露山体边坡工程中，当潜在滑体沿剪切面的下滑力超过抗滑力时，即会出现沿剪切面的滑移和破坏。在坚硬岩体中，剪切面多发生在断层、节理、裂隙等软弱结构面上。在土层中，沙质土的滑移面多为平面，黏性土的滑移面则呈现圆弧状。有时也会出现上覆土和下卧岩层的临界面滑动的情况，为了保持边坡的稳定，一种办法是大量削坡，直至达到稳定的边坡角(见图 2-3)；另一种办法是设置挡墙结构。

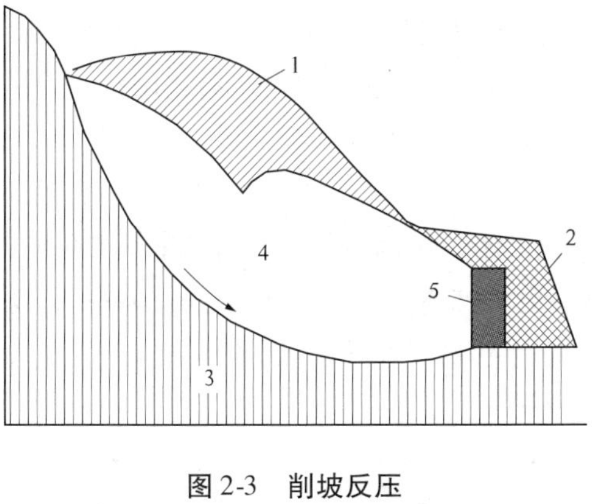

图 2-3　削坡反压

1—削土减重部位；2—卸土修堤反压；3—不透水层；4—滑坡体；5—渗沟

在一些情况下，这些办法往往不够经济，或不可能实现。这时推荐预应力锚杆(索)加固边坡。采用预应力锚杆(索)加固边坡，能提供足够的抗滑力，并能提高潜在滑移面上的抗剪强度，有效地阻止坡体滑移，这是被动支挡结构所不具备的力学特点。在土层中，边坡稳定问题常用条分法求解，边坡安设预应力锚杆(索)后所提高的安全系数可用下式表示：

$$m = [f(\sum \Delta N + P_n) + \sum c\Delta L]/(\sum \Delta T \pm P_t)$$

式中 ΔN——作用在一条剪切面上的重力 G 的垂直分量；

f——剪切面上的黏结力，$f = \tan\varphi$；

c——剪切面上的单位黏聚力；

ΔL——剪切面宽度；

ΔT——作用于一条剪切面上的重力 G 的切向分量；

P_n——锚杆(索)锚固力的垂直分力；

P_t——锚杆(索)锚固力的切向分力。

算得 m 在 1.5~2.0。

在岩体中，由于岩石产状及软硬程度存在严重差异，岩石边坡可能出现不同的失稳和破坏模式，如滑移、倾倒、转动破坏或软弱风化带侵蚀等。锚杆(索)的安设部位、倾角应当最有利于抵抗边坡的失稳或破坏，一般锚杆(索)轴线应与岩石结构面或潜在的滑动面成大角度相交。

2.5.3.3 锚杆(索)类型

目前，国内外岩土锚杆(索)的类型主要有以下三种：

(1)圆柱型锚杆(索)。这种锚杆(索)是国内外早期开发的一种锚杆(索)形式，施加拉力时，预应力由自由端传递给锚固体，再由锚固体上段逐渐往下传递，靠锚固体与周围岩土介质间的黏结摩阻强度传递给结构物。圆柱形锚杆(索)工艺简单，适用于各类岩石和较坚硬的土层。但在软弱黏土中，往往难以满足设计拉力值的要求。

(2)端部扩大型锚杆(索)。端部扩大型锚杆(索)可用爆炸及叶片切削两种施工方法扩孔。国外及中国台湾等地采用较多的是在锚固段最底端设置扩孔叶片，平时为闭合状，当钻至预定深度时，叶片张开进行扩孔作业，叶片上端与旋转变化头连接，扩孔完成后灌满灰浆，扩孔叶片置留于孔底，作为加强锚固结构之用。

(3)连续球体型锚杆(索)。这种锚杆(索)利用设于自由段和锚固段交界处的密封袋和带许多环圈的套管，可对锚固段进行高压注浆处理，必要时还可使用高压破坏原来已有一定强度(0.5 MPa)的灌浆体，对锚固段进行二次或多次灌浆处理，使锚固段形成一连串球体，使之与周围土体有更高的嵌固强度。对锚固于淤泥、淤泥黏土地层或要求较高锚固力的土层锚杆(索)，宜采用连续球体形锚杆(索)。

2.5.3.4 锚杆(索)设计流程

锚杆(索)设计包括：计算外荷载，决定锚杆(索)布置和安设角度，锚杆(索)锚固体尺寸，预应力筋的确定，稳定验算，锚头设计等。设计流程见图 2-4。

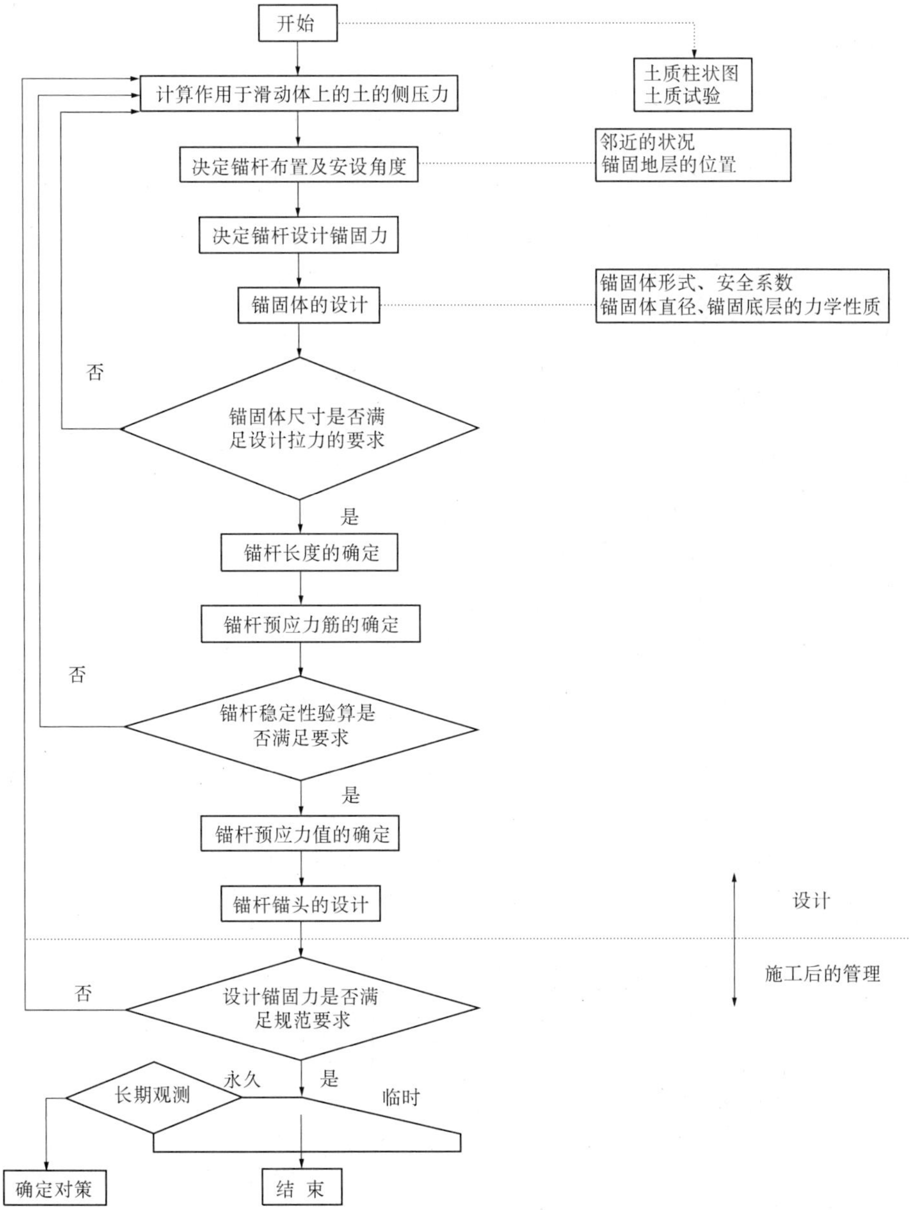

图 2-4　锚杆(索)设计流程

2.5.3.5　锚杆(索)布置和安设角度

(1)锚杆(索)上覆地层厚不应小于 0.4 m,以避开车辆行驶等反复荷载的影响,也不至于由于采用较高注浆压力而使地表隆起。

(2)锚杆(索)的水平和垂直间距,一般不宜大于 4.0 m,以避免应力集中,亦不得小于 1.5 m,以免群锚效应而降低锚固力。

(3)锚杆(索)的安设角度,对基坑或近似直立的边坡而言,需考虑邻近状况、锚固地层位置及施工方法。一般锚杆(索)的俯角不小于 13°,不大于 45°,以 15° ~ 35°为佳。俯角愈大，则有利于抵抗侧压力的水平分力愈小，而垂直分力加大，会引起护壁桩向下压力增加等不良影响。此外，在可能条件下，锚杆(索)锚固体应固定于较好的地层中。

2.5.3.6　锚杆(索)结构的设计

锚杆(索)锚固力计算及锚固体计算：锚固体形式不同，计算方法亦有所不同。圆柱型锚杆(索)的锚固力由锚固体表面与周围地层的摩擦力提供，端部扩大型锚杆(索)的锚固力则由扩大端的面承力及与周围地层的摩擦力提供。

1)圆柱型锚杆(索)的锚固力和锚固体长度的计算

锚杆(索)的极限锚固力：

$$P = \pi L d q_s$$

则锚固体长度为：

$$L = m N_t / (\pi d q_s)$$

上两式中　P——锚杆(索)的极限锚固力；

N_t——锚杆(索)的设计轴向拉力值；

m——安全系数；

q_s——锚固体表面与周围岩土体间的黏结强度；

L,d——锚固体长度和直径，锚固体直径 d 一般为 8～15 cm。

2)端部扩大头型锚杆(索)的锚固力和固体长度的计算

在沙土中锚固体扩体部分的锚固力计算，可引用国外关于沙土锚定板抗力计算的成果。Mitsch 和 Clemence(1985)从圆形锚定板的试验结果发现，埋入深度 h 和板径 D 之比值同锚固力因素 β_c 间的线性关系，只能维持到 $h/D = 10$ 左右 ，当 h/D 继续增加时，则 β_c 便趋于定值，不再受 h/D 的影响。而 β_c 也随摩擦角的增加而增大。沙土中锚杆(索)锚固力可依下式计算：

$$P = \gamma h \beta_c [\pi (D^2 - d^2)/4] + \pi D L_1 p_s + \pi d L_2 q_s$$

则在外力作用下，所需锚固长度由下式求得：

$$m N_t = \gamma h \beta_c [\pi (D^2 - d^2)/4] + \pi D L_1 p_s + \pi d L_2 q_s$$

式中　P——锚杆(索)极限锚固力；

N_t——锚杆(索)设计轴向拉力值；

D、d、L_1、L_2——锚固结构尺寸；

m——安全系数；

q_s——锚固体表面与周围土体间的黏结强度；

β_c——锚固力因子；

γ——土体容量；

h——扩大头上覆盖层厚度。

黏土中端部扩大头型(索)的锚固力计算可类似沙土中端部扩大头型锚杆(索)的计算，即

$$P = \pi D L_1 cu + [\pi (D_2 + d_2)]/(4\beta_c) + \pi D L_2 q_s$$

则锚固体长度可由下式求得：

$$m N_t = cu \beta_c [\pi (D_2 - d_2)]/4 + \pi D L_1 cu + \pi D L_2 q_s$$

式中 P——锚杆(索)极限锚固力；

N_t——锚杆(索)设计轴向拉力值；

D、d、L_1、L_2——锚固结构尺寸；

m——安全系数；

q_s——锚固体表面与周围土体间的黏结强度。

2.5.3.7 **智能锚索的开发**

1)智能锚索的特点

(1)任何时间、任何地点都可检测出锚索每根钢绞线的受力及位移情况,从而对锚索进行再张拉；

(2)测力装置预埋于无黏结钢绞线内,安装简便；

(3)通过监测各个锚索点的位移,可监控边坡的动态变化；

(4)应用测得数据,通过逆解析,对边坡稳定的设计方案进行修订,进而实现信息化施工管理。

图 2-5 为智能锚索结构。

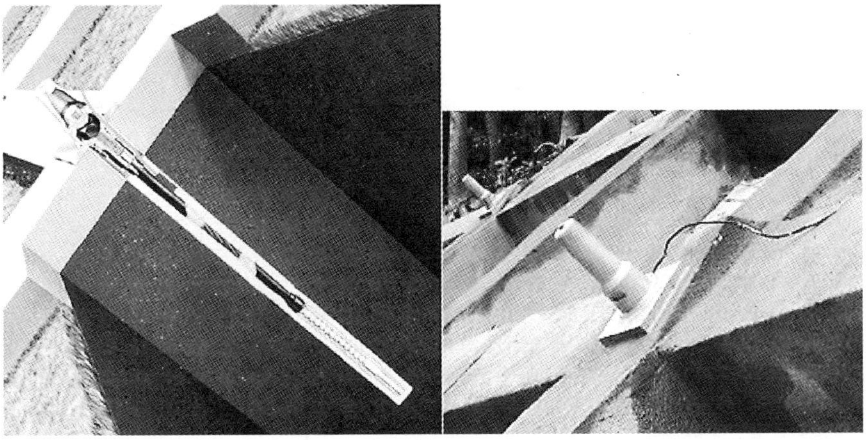

图 2-5 智能锚索结构

2)智能锚索的管理系统内容

图 2-6 为智能锚索的边坡动态位移监测系统。

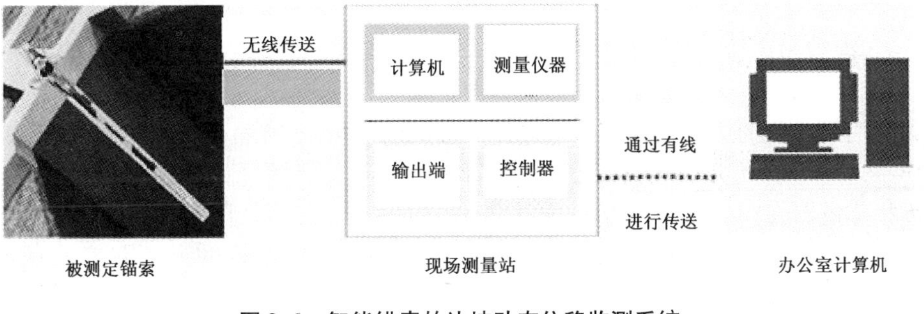

图 2-6 智能锚索的边坡动态位移监测系统

图 2-7、图 2-8 为测量结果分析系统和动态设计及信息施工流程图。

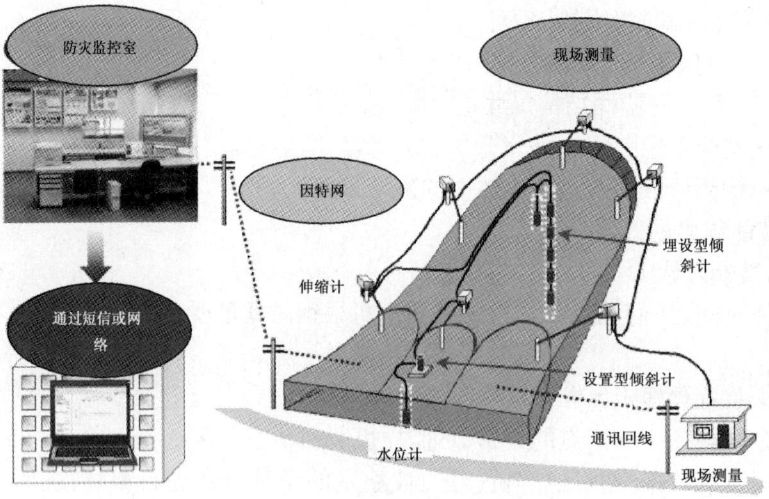

图 2-7　测量结果分析系统

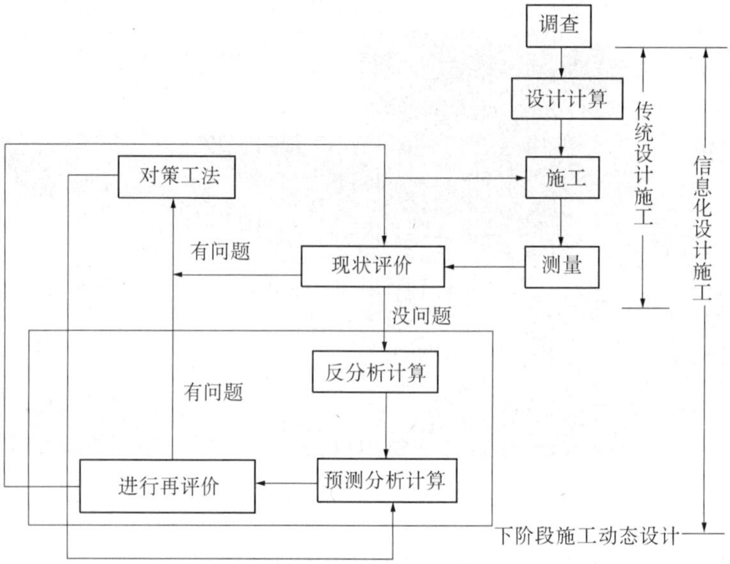

图 2-8　动态设计及信息施工流程图

2.5.3.8　裸露山体坡面的柔性防护系统

1）柔性防护特点之一是柔性网对山体表面承载法向压力

柔性网对山体的法向压力使处于临界状态（摇摇欲坠）的危石向非临界状态转化，利用法向压力，增大对危石的下滑摩擦阻力，阻止了危石势能的释放而处于稳定状态，避免了临界状态危石在山体震动或水动力的作用时而崩落。（刚性防护——挂网喷浆，属封闭式的蛋壳结构模式，基本上对危石无法向压力作用，这就是刚性防护不足之处）

下面给出的理论计算将会说明这个问题：取危石质量 $m=1\ 000$ kg（密度 $p=2.7$ g/cm^3，体积 $V=0.6$ m$\times0.6$ m$\times1.02$ m）（根据现场踏勘，这个危石质量具有代表性），危石受到阻止下滑的静摩擦力为 $F_{阻}=\mu_1(P+mg\cos\theta)$。其中，$F_{阻}$ 为危石受到的最大下滑阻力，危石的下滑阻力来自两个方面：一是山体对危石的阻力，二是柔性网对危石的阻力（公式中法向压力 P 出现两次，这就是柔性防护网具有的优势）。m 为危石的质量，θ 为坡度，μ_1 为危石与山体的静摩擦系数，μ_2 为柔性钢绳网与危石的摩擦系数，P 为柔性网对危石的法向压力。

危石的具体受力情况见图 2-9：

将 $\mu_1=1,\mu_2=1,P=4\ \text{kN},S=1\ \text{m}^2,\ \theta=60°$代入上式得：

$F_{阻}=13\ \text{kN}$

$F_{下}=mg\sin\theta=8.66\ \text{kN}$ （$F_{下}$ 为危石的下滑分力）

$F_{阻}>F_{下}$ 静摩擦阻力大于危石的下滑分力，表明危石被锁定住了。

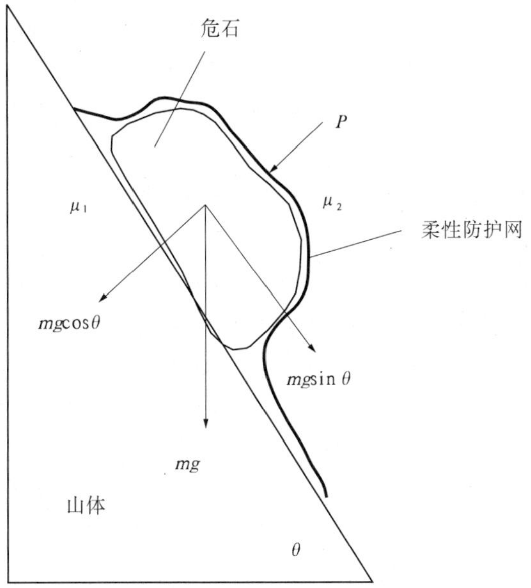

图 2-9 危石受力情况

2）柔性防护特点之二是整体承载能力

当山体表面局部出现险情时，即使有大型坠石，主动柔性防护网系统也能有效地将其兜入网中，结构庞大的锚杆系统都来承载（钢性防护不具有这个优势，它是局部受力，局部承载，巨型危石下坠，刚性防护蛋壳结构系统一触即破）。下面取巨大的孤立危石 m 为例：取“危石 m”作为研究对象，危石的体积约为 $3.7\ \text{m}^3$（$2\ \text{m}\times1.85\ \text{m}\times1\ \text{m}$），密度 $\rho=2.7\ \text{g/cm}^3$，而质量 $m=\rho V=10\ 000\ \text{kg}$。

其中：

（1）$F_{抗}$ 代表锚杆的抗拔力，$F_{抗}=50\ \text{kN}$。为增大 2 倍安全系数，上拉锚杆数实际取为 1 根。

（2）坡度达 90°极限状态时（山体表面呈垂直状），危石兜入网中，求固住“危石 m”需要的上拉锚杆数量。

$$F_{拉}=mg/2=10\ 000\times9.8/2=49\ (\text{kN})$$

需要的上拉锚杆数 $n=F_{拉}/F_{抗}=49/50=0.98$（根）。为增大 2 倍安全系数，上拉锚杆数实际增加到 2 根。采用 FSS－JG－300－G 系统，就可完全达到上述对锚杆数量的要求。

第 3 章　裸露山体的生态治理和水土保持

3.1　植被生态修复和水土保持研究概述

裸露山体复绿技术基于边坡绿化技术，但其绿化的难度远远超过了边坡绿化。植被护坡实践的历史源远流长，最初植被生态修复技术出现在国外，主要用于河堤的护岸及荒山的治理，通过简单的绿化方法达到生态修复的目的。在我国，植被防护的技术起源虽比较早，但只是通过简单的种植技术来进行绿化。近 20 年来，随着科技的飞速发展以及裸露山体引发的问题日益严重，各级政府逐渐重视对裸露矿山的生态修复，制定出各项政策和措施，但至今，依然没有形成一个完整规范的生态修复体系和成熟的生态修复技术，各项技术都处在一个试验性阶段。

植被护坡案例最初出现在国外。在中世纪，法国、瑞典的运河河岸通过采用栽植柳树的方法来进行防护，在河岸绿化和防风固土等方面起到了积极的作用。日本植被护坡的技术最早出现在 1633 年，日本德川五代纲吉采用铺种草皮、栽植树苗的方法来治理荒山，并通过科学的管理、养护，让荒山变成绿林。铺种草皮、栽植树苗的绿化技术在退山还林方面起着重要的作用，也为后来各技术的研究和创新奠定了基础。1973 年 3 月，"受害生态系统的恢复"国际会议在美国召开，会议探讨了受害生态系统的恢复和重建等生态学问题。这是受害生态系统恢复和重建等生态学问题首次在国际会议上进行探讨与研究，标志着人类开始重视生态环境破坏引发的一系列环境问题，对生态系统的修复达成了共识，但恢复生态学真正的发展动力源于 20 世纪 80 年代以来全球各类生态系统的退化及其引发的环境问题的加剧。1980 年，Caims 主编了《受损生态系统的恢复过程》一书，从不同角度探讨了受损生态系统恢复过程中重要生态学理论和应用问题。1982 年西班牙政府作出了强制性的规定，要求裸露山体开采的申请必须同时有重建计划。1983 年，"干扰与生态系统"国际研讨会在美国召开，探讨了干扰对生态系统各个层次的影响。1985 年，国际恢复生态学协会成立，首次组建起一个对恢复生态学进行研究和探讨的学术组织。1993 年，《Restoration Ecology》杂志创刊，标志着恢复生态学开始走向成熟，为生态系统的修复提供了理论根据和实践参考经验。1994 年 9 月，专门以植被护坡为主题的首次国际会议在牛津举行。1995 年，美国生态恢复协会指出生态恢复是一个概括性的术语，而非一个专门的术语，包含改建(rehabilitation)、重建(reconstruction)、改造(redamation)、再植(revegetation)等含义。1996 年在美国召开的国际恢复生态学会议上专门探讨了矿山废弃地的生态恢复问题。

我国有记载的植被护坡应用出现在 1591 年的明代，通过栽植柳树来加固、保护与绿化河岸，在 17 世纪植被护坡开始应用于保护黄河河岸。然而，植被护坡科学的快速发展，还是近十几年的事。我国于 1988 年出台了《土地复垦规定》，使矿区废弃地的生态恢复工作步入了法制轨道，矿区废弃地恢复的速度和质量都有较大的提高。随着对环境问题重视程度的提高，一些地区，特别是经济发达地区，已经实施了裸露山体的生态重建计划并取得了很大进展。为营造一个人与自然和谐共处的生态环境，恢复生态系统的结构和功能，广东省政府在裸露山体复绿工作上借助国际、国内已经比较成熟并取得实效的例子，将对区内裸露山体的复绿工作提上政府的议事日程并颁布各种规章制度和政策。从1999 年广东省政府出台《广东省采石取土管理规定》，到 2003 年 8 月份颁发的《关于做好全省裸露山体整治和复绿工作的通知》（粤府〔2003〕49 号），标志着裸露山体植被生态恢复的整治工作全面启动，并于 2003 年 10 月把裸露山体植被生态恢复作为广州市“青山绿地，蓝天碧水”工程的子项目。2004 年 1 月我国首个裸露山体复绿工程技术规范的编制，是我国裸露山体复绿技术逐渐走向成熟的标志。根据报道（广州日报，2006 年 1 月 5 日，A6 版），从 2003 年至 2005 年，仅广州市就投入资金 5.12 亿元，用于裸露山体的植被生态修复工作。随着社会的进步、科技的发展，在不脱离中国国情和不违背因地制宜的前提下，探索适合中国国情和当地条件的技术措施与生物措施，并通过借鉴国外已经试验成功的技术，推动我国工程技术逐渐走向成熟。从开始的单一喷草技术到后来的混播技术，从石壁挂笼到后来的板槽、燕槽法等，都是技术成熟的表现；绿化方式也由原来的“一场一方案”发展到现在的因地制宜、综合运用，不同的复绿技术有不同的复绿效果。由通过单一的喷草技术，形成以草本为主的自我调节能力较差的生态环境，发展到后来用喷混植生、板槽等较为先进的复绿技术，形成一个能够自我控制、自我调节的乔、灌、草、藤本植物立体配置、共同发展的稳定的生态环境。

3.2　裸露山体生态修复的关键

裸露山体生态修复是一个世界性的难题。由于裸露山体在开采过程中植被和土表被剥离，造成整个裸露山体裸露在外，而且有些裸露山体立面太高、坡度过陡。面对复杂的施工环境，如何来完成裸露山体生态恢复，特别是石壁生态恢复，这无疑是对复绿工程进行的一次技术挑战，我们的工作，应该在裸露山体石壁的生态恢复技术方面有所突破，虽然生态修复的理论和实践操作已经取得了较大的进展，但技术上很多问题还有待解决。裸露山体生态修复要采用交叉科学技术，主要解决的关键问题如下：

（1）石壁立面绿化主要限制性生态因子及石壁立面植物生态系统自然演替规律；

（2）石壁立面绿化主要技术方法在华南地区的适用性评价；

（3）石壁立面立地生境改善及栽培基质固定技术，要保证植物生长所需要的土壤、水分和肥力；

（4）优良乡土植物种质资源筛选及适于石壁立面生长的植被物种组合技术；

（5）石壁立面复绿植物栽培和群落管理技术。

当然，技术的实施离不开一个科学、合理、规范的设计方案和高素质的施工队伍及各项技术人员，以实现经济、高效、稳定的裸露山体生态恢复方法成功运用。

裸露山体植被生态修复和水土保持技术流程见图 3-1。

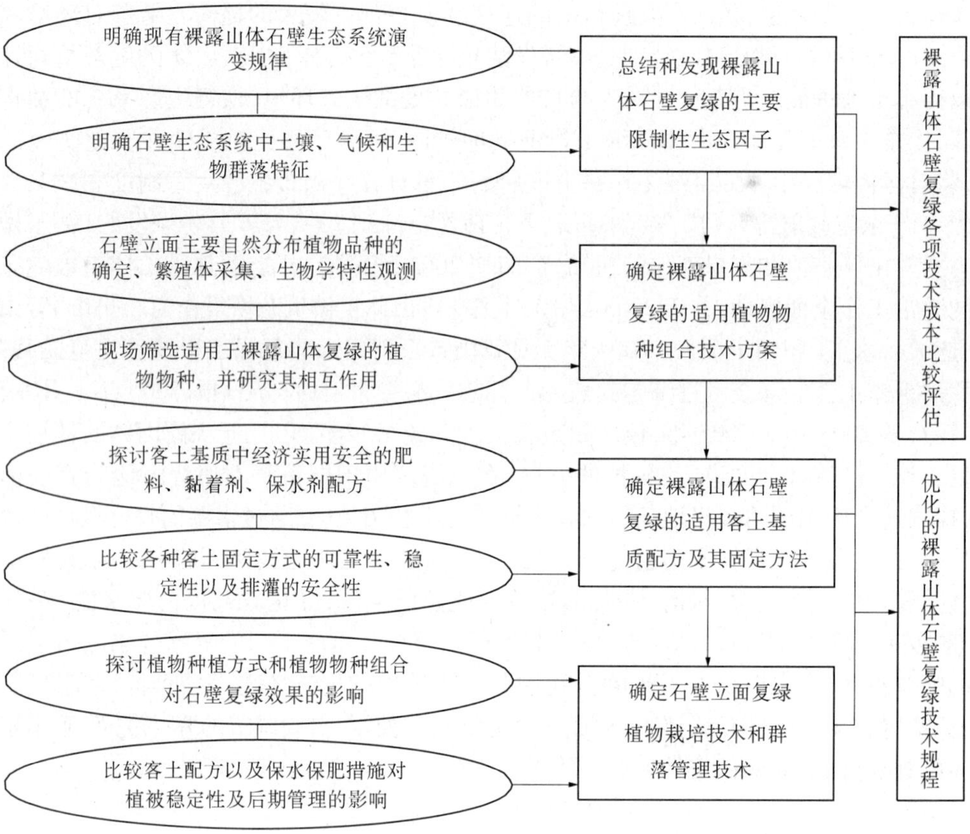

图 3-1　裸露山体植被生态修复和水土保持技术流程

3.3　影响裸露山体生态修复的环境因素

裸露山体的治理方法受多种因素的制约，如裸露山体的岩性、石壁坡度、石壁表面粗糙程度、裸露山体地理位置、当地的气候条件等，主要表现为环境因素的影响。

3.3.1　裸露山体矿山废弃地生境特征数量分析

3.3.1.1　裸露山体矿山废弃地生境特征数量分析的目的

矿山废弃地生境特征（杨修，1999），即生态环境特征，是指矿山废弃地的地形、土壤、气候、水文和植被等特征。这些基本的环境，直接关系到植物的成活和生长发育。为了充分掌握矿山废弃地的特性，在进行实际操作时必须对具体的地段进行认真的研究和分析，只有认识和掌握不同生境特征的差别与特点，才能正确选择适宜的植物种类、因地制宜地进行植物种类的布局和采取有效的恢复措施。

3.2.1.2　环境因子对植被的影响

按照生态学的观点，在植物与环境这一矛盾统一体中，一般来说，环境是比较稳定的并起决定性作用的，也就是说，环境是主要矛盾方面。不同立地环境对植物群落的组成、结构、生产力有决定性作用。影响生境的环境因子依其来源，可分为气候、土壤、地貌部位、生物等4大类型(刘唐瑞、苏鸿杰，1983)。苏鸿杰(1987)针对各种环境因子影响范围及彼此间的相互作用关系，绘制出环境层级系统概念示意图(见图3-2)。该图依各因子的影响程度共分为7级，其中纬度和海拔为影响范围最大的因子，可能对区域降雨、日照或空气及土壤温度造成影响。

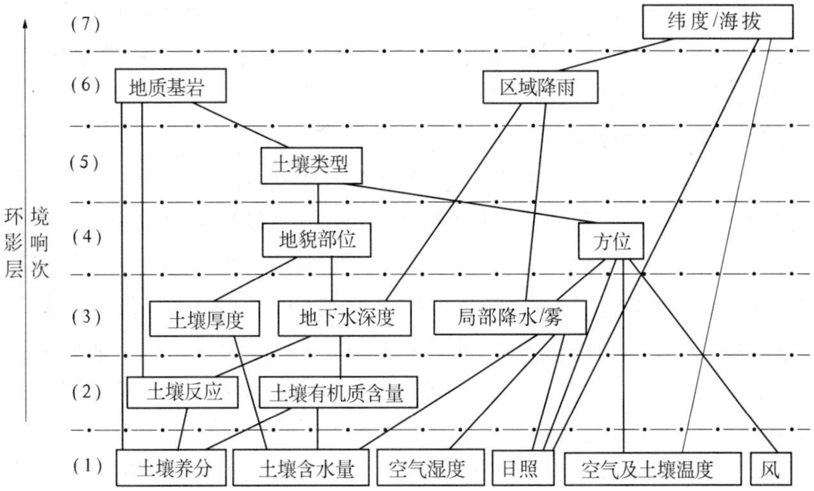

图3-2　环境层级系统观念示意图(仿 Kellman，1982；苏鸿杰，1987)

3.3.1.3　土壤硬度对植被的影响

土壤硬度是土壤孔隙度、土壤含水量、土壤有机质含量、土壤颗粒结合紧密程度等因子的综合反映(山寺喜成，1986)。当土壤结构紧密、孔隙度小、有机质含量少、水分含量少时，土壤硬度就大。土壤硬度的大小直接影响植物的生长，不同的植被条件下，土壤硬度也不同。各种植物根系的生长，受土壤物理性质、有效养分、有效水分、土壤供氧量等因素的影响。根系具有趋水性和趋肥性，所有的植物根系均随着土壤物理条件而变化，大多数根系适于生长在土壤松软的土层中。一般来讲，当土壤硬度小于10 mm时，植物不能正常生长发育，因为土壤太松软，易发生干旱，而在降雨时又容易发生土壤侵蚀，进而形成岩石裸露地。当土壤硬度在10～25 mm时，植物能很好地生长；当土壤硬度大于25 mm时，植物生长不良，因为这时土壤硬度太大，土壤过于紧密，植物根系很难伸入土壤中。

植物的生长对土壤硬度也有一定的影响。随着植物根系的侵入，在植物根系的延伸、穿插作用下，使土壤形成紧密的单个团粒，改良了土壤的结构；当植物死亡时，其腐烂的根系及枯落物不但增加了土壤有机质，也增加了土壤的孔隙度；植物的拦流蓄水能力，使土壤水分含量大大增加，控制着土壤的水分平衡。因此，植物的生长能改善土壤硬度，向着更适合植物生长的方向发展。

土壤硬度是决定植物栽植的重要因素。在植被恢复工程中可以选用土壤硬度作为参考因子，少测或不测其他土壤因子，这样能节省大量时间、财力和人力。

3.3.1.4　地形对植被的影响

地形因子是间接的生态因子，其本身对生物没有直接影响，它对生物的作用是通过对光照、气候、湿度以及土壤的影响而间接发生的。

3.3.1.5 海拔对植被的影响

海拔是山地地形变化最明显的标志之一。随着海拔的递升，温度则递减。一般情况下，海拔每升高 100 m，气温下降 0.6 ℃左右。在一定范围内，空气湿度和降水量随海拔的升高而增加，但到一定界限后，降水量又开始降低，这常引起生态系统发生有规律的更替。不同的地势高度对植物的形态结构也有很大影响。由于海拔不同改变了气候条件，即使同一种植物分别在不同的山麓和山顶上，它们在外貌上也会产生强烈的差异。此外，随着海拔的升高，植物种类呈递减趋势。

3.3.1.6 坡向对植被的影响

坡向主要影响地面接受的太阳辐射以及地面与盛行风向的交角，这使得不同坡向之间存在显著的水热差异。在北半球，北坡日照时间短，辐射强度也较小。在一定坡度范围内，南坡所接受的光照比平地多，而平地所接受的光照又比北坡多。南坡所获得的总热量为北坡的 1.6～2.3 倍，南坡（阳坡，在南半球是北坡）接受的太阳直射辐射多，导致坡面温度高、水分蒸发强烈，土壤风化强，土壤有机质少，也较干燥和瘠薄，从而分布着具有喜光、耐旱结构的生物群落。相反，北坡（阴坡，南半球是南坡）侧常常发育着中生或湿生的生物群落类型，坡度的增加会加剧这一影响。

坡向对植物的影响还表现为南坡植物种类多于北坡，南坡植物密度大于北坡。在山区，由于地形高度和坡向的不同，会引起水、热条件的变化，导致植物分布出现垂直变化。一般向阳坡植物种类比背阴坡要多一些，同一种植物在向阳坡分布的上限比阴坡高，有的植物还可以间接地反映海拔的高低。

东坡和西坡的生态条件介于南坡和北坡之间，但西坡比东坡稍温暖。因为东坡在上午被照射时，一部分热能消耗于水分蒸发，而西坡得到太阳照射时，地面已经干燥，热能消耗与蒸发较少，使西坡增热较为强烈。东坡生态条件较接近于北坡，常称为半阴坡；西坡接近于南坡，常称为半阳坡。

3.3.1.7 坡度对植被的影响

坡度是指坡面的倾斜度。由于坡面的倾斜度不同，单位面积上所接受的太阳辐射能量也不同，气温、土温及其他生态因子也随之发生变化。坡度因子主要对土壤水分和土壤侵蚀产生深刻影响，坡度越大，地貌稳定性越小，土壤贮水性能越差，土层也越浅薄，水土流失和崩塌、滑坡等自然灾害发生的概率和强度也就越大，从而导致在不同坡度上生长的植物也有差异。

3.3.1.8 坡位对植被的影响

坡位的生态效应主要是通过影响土壤属性和土壤发育过程而产生的。由于重力作用，从坡顶到坡谷，土壤及其中的水分和养分形成一个由源到汇的梯度。坡顶遭受侵蚀，土壤相对瘠薄；坡谷则以堆积为主，形成肥厚的土层。因此，从上坡位到下坡位，坡面的光照不断减少，水分和养分逐渐增多，整个生境向阴湿的方向发展，土层厚度、有机质含量、含水量以及各种养分的含量，都随着相对高度的降低而增加，从而影响植被的种类和定植方式。

在进行裸露山体矿山生境数量分析时，数据处理采用主成分分析（PCA）方法进行因子的提取与挖掘。选择坡向、坡度、坡位、土壤硬度、海拔、废弃年限、植物总盖度、纬度和经度等9个因子,其中坡向、坡位等非数值指标按经验式建立隶属函数换算成编码(刘创民等,1996)。坡向分为阳坡(0.3)、半阳坡(0.5)、半阴坡(0.8)、阴坡(1.0);坡位分为上坡位(0.4)、中坡位(1.0)、下坡位(0.8)。将非数值指标编码后,便可列出与其他因子属性数值一起的原始数据矩阵 X,为了统一指标量纲,查明它们之间的相关性,消除指标提供的重叠信息,利用最大值数据标准化,得到标准化值 X 及矩阵 X'。原始数据标准化可以使样本数据压缩到[0,1]闭区间内,利用 S - PLUS. 6. 2 PROFESSION ALEDITION 统计软件计算出矩阵的特征根、贡献率及累积贡献率,在此基础上对矿山生境条件进行分析。通过以上多变量梯度分析,研究各生境因子以何种次序对群落组成造成决定性变化,并确认出有关的分类单元。

3.3.2 裸露山体废弃地生境条件数量分析

由于实测的9个生境因子类型不相同,根据主成分分析数学原理,采用相关矩阵(correlation matrix)进行分析,选用45个样方的9个生境因子实测数据(原始数据见表3-1、表3-2)计算特征根、主成分贡献率及累积贡献率。从表3-3可知,前6个主成分累积提供的信息量为89.35%,根据主成分的选取原则(累积贡献率>75%),只对前5个主成分进行讨论。其中第1主成分提供的信息量为30.7%。按绝对值大小,第1主成分中的海拔特征向量最高,为0.55,其次为纬度和经度,特征向量分别为0.48和0.42;在第2主成分中,废弃年限特征向量为0.667,其次是坡位;在第3主成分中,土壤硬度特征向量最大,达到0.612,其次为坡向;在第4主成分中,坡度特征向量达到0.668,其次为坡位;在第5主成分中,经度特征向量最高,其次为废弃年限和盖度。另外,从表3-4可以看出,9种环境因子中,海拔与经度、纬度两因子间存在较高的相关性,相关系数分别为-0.65和0.69。根据以上分析结果,在生境类型划分上宜采用与生境条件有密切的联系和较强分辨力的环境因子而且变量不相关,另外,为了方便实际工作中因子的易辨识性和易获得性,可根据实际情况及各因子贡献率,依次选择海拔、废弃年限、坡位、土壤硬度、坡向等环境因子对生境条件进行划分。

表3-1 裸露山体废弃地生境因子原始数据

乡镇	GPS点号	纬度(°)	经度(°)	海拔(m)	坡向	坡度(°)	坡位	硬度(kPa)	盖度(%)	废弃年限(a)
斋堂	477_1	39.972	115.731	387	半阳	40	中坡位	616.86	40	9
斋堂	477_2	39.972	115.731	387	半阳	46	中坡位	616.86	45	9
王平	146_2	39.969	115.999	210	半阳	35	上坡位	396.20	30	22
王平	144_1	39.974	116.005	208	半阳	33	下坡位	458.97	40	14
王平	144_2	39.974	116.005	208	阳坡	32	下坡位	458.97	8	14
王平	148_1	39.968	116.022	211	阴坡	30	上坡位	531.54	25	35
王平	148_2	39.968	116.022	211	阴坡	30	上坡位	531.54	20	35
燕翅	264_1	40.003	115.804	316	阳坡	38	上坡位	458.97	30	8
燕翅	264_2	40.003	115.804	316	阳坡	10	下坡位	458.97	5	8
燕翅	265_1	40.083	115.903	406	半阳	25	下坡位	1 370.04	10	6
燕翅	265_2	40.083	115.903	406	半阳	26	下坡位	616.86	40	6
燕翅	265_3	40.083	115.903	406	阳坡	38	上坡位	981.68	5	6
燕翅	265_4	40.083	115.903	406	阳坡	42	下坡位	717.87	10	6

表 3-2 裸露山体样方 9 个生境因子原始数据均值、中值和范围比较

生境因子	单位	均值	中间值	范围	
				最低	最高
坡向	—	—	—	—	—
坡度	(°)	33.967	35.000	5.000	70.000
坡位	—	—	—	—	—
硬度	kPa	390.793	342.260	73.160	1 370.040
海拔	m	268.1111	261.000	109.000	406.000
经度	(°)	115.996	116.036	115.731	116.111
纬度	(°)	40.001	40.000	39.892	40.083
盖度	%	33.356	30.000	5.000	85.000
废弃年限	a	9.222	8.000	1.000	35.000

表 3-3 前 6 个主成分的特征向量及特征根

生境因子	主成分					
	Comp. 1	Comp. 2	Comp. 3	Comp. 4	Comp. 5	Comp. 6
坡向	-0.140	0.365	-0.566	0.357	-0.196	0.223
坡度	0.258	0.018	0.389	0.668	-0.134	-0.531
坡位	-0.044	-0.546	-0.290	0.453	-0.302	0.253
硬度	-0.266	0.098	0.612	0.103	-0.109	0.566
海拔	-0.549	-0.111	-0.020	0.088	-0.070	-0.199
废弃年限	0.018	0.667	-0.048	-0.056	-0.434	-0.137
盖度	0.374	-0.279	-0.113	-0.379	-0.438	-0.136
纬度	-0.476	-0.035	-0.155	-0.044	0.315	-0.417
经度	0.416	0.151	-0.172	0.230	0.597	0.182
特征根	2.762	1.588	1.372	0.961	0.822	0.537
贡献率	30.689	17.649	15.243	10.673	9.134	5.963
累积贡献率	30.689	48.338	63.581	74.254	83.388	89.351

表 3-4 生境因子的相关性分析

生境因子	坡向	坡度	坡位	硬度	海拔	废弃年限	盖度	纬度	经度
坡向	—	—	—	—	—	—	—	—	—
坡度	-0.17	—	—	—	—	—	—	—	—
坡位	0.06	0.02	—	—	—	—	—	—	—
硬度	-0.16	0.08	-0.15	—	—	—	—	—	—
海拔	0.20	-0.28	0.16	0.32	—	—	—	—	—
废弃年限	0.34	0.03	-0.39	0.04	-0.13	—	—	—	—
盖度	-0.22	0.08	0.13	-0.34	-0.48	-0.12	—	—	—
纬度	0.17	-0.36	0.05	0.15	0.69	-0.08	-0.42	—	—
经度	0.05	0.24	-0.11	-0.34	-0.65	0.00	0.16	-0.35	—

3.3.3 降雨量

裸露山体治理中，降雨量也是必须考虑的主要因素之一。以广州为例，南沙地区水网密布，湖塘众多，在亚热带海洋性气候影响下，气候较为温和，阳光充足，雨量充沛，年平均气温在21.9 ℃左右，平均年降雨量1 647.5 mm左右，尤其是在5月至9月的雨季，其降雨量就占全年降雨量的78%左右，日最大降雨量可以达到385.8 mm。考虑到雨水的强冲刷破坏能力、裸露山体上表面的汇水面积等因素，在进行裸露山体整体绿化设计的时候要对排水、灌溉系统进行统筹安排。

3.3.4 台风、地震的影响

南沙地区常年盛行风向为南东和北东方向，其次为东北向和东向，台风集中在7～9月，地震灾害方面，根据《黄阁镇裸露山体整治复绿工程边坡岩石工程勘察报告》，“场地内目前发现的断裂都处于相对稳定的状态，对边坡安全不会构成严重的威胁”。但由于每个裸露山体所处的地理位置不同，地质条件也不同，有些裸露山体仍然存在着分布不均的危害程度各异的危岩，若遇到较强的地质活动，就有可能造成局部坍塌，必须进行清理。根据裸露山体朝向的特点，考虑台风、地震烈度、危岩等因素，在技术方案设计上，安全设计要进行统筹安排。

3.3.5 裸露山体地理位置、地质条件

每个裸露山体的地理位置和地质条件是不尽相同的，其表面岩石的分化程度也各不相同。有些裸露山体处在高速公路可视范围内，严重影响了当地的人文形象和城市景观，对于这些裸露山体，必须因地制宜地利用最有效的绿化技术进行裸露山体复绿，覆盖裸露的石头，给城市披上绿衣。对于一些隐蔽在林中的裸露山体也需要对其进行复绿，从整体上恢复当地的自然环境，构建稳定高效的生态系统；在进行工程技术方案设计的时候还要考虑裸露山体表面石头的分化程度，根据裸露山体表面的承载能力和各复绿技术要求达到的承载能力设计出科学、合理、安全的施工方案。

3.4 裸露山体各区的水土流失危害及分区治理

根据各类裸露山体状况，特别是开采后的地质结构与外貌特征，一般采后裸露山体均由以下四个部分组成：

(1)由剥离表土与开采或加工产生的废石堆积而成的废石堆放场或排土场。该部分主要是由散砂石构成，边坡非常疏松，每当雨季到来的时候，由于雨水的冲刷容易造成泥水泛滥，坡面水土流失严重并通常伴有坍塌等环境问题。废石堆放场或排土场通常坡度比较缓，疏松的坡面植物容易扎根，所以比较容易开展施工，进行植被生态恢复。

(2)采石后余留下来的边坡。该部分坡度较大，一般在40°～70°，通常由坚硬的碎石和石块构成，但有的余留边坡还保存着开采期间使用的人行小道，所以在复绿的时候只要采取一定的工程措施，保证植物在生长初期有足够的营养并采取科学的养护管理措施，就

可以完成对该部分的生态恢复工作。

(3)石材被挖后留下的平台或坑口迹地。该部分基本上都是坚硬的石头,植物生长很不利,由于开采留下了平台,给承受土壤提供了便利,对该部分进行复绿首先要解决的是土壤问题。在遵循因地制宜的原则下选择客土法对覆盖 10 ~ 20 cm 的土层进行复绿。

(4)石壁。石壁是裸露山体的重要组成部分,其最大的特征就是壁面光滑,无任何基质的存在,而且坡度极大,大多超过 80°,甚至高达 90°,是名副其实的“悬崖峭壁”。石壁的复绿极其艰难,几乎是生态恢复中的难度极限。

3.5 裸露山体水系理顺

治坡先治水,裸露山体水系理顺是治理山体需要优先考虑的内容。

3.5.1 裸露山体水系理顺措施

常用排水、拦水、蓄水措施。在坡面实施水系理顺工程时,必须布置山坡截水沟、平台截水沟、急流槽、排水边沟等排水系统,防止削坡坡面径流及坡面上方地表径流对坡面的冲刷。排水系统应符合下列要求:

(1)在坡面上方距开挖(或填筑)边缘线 10 m 以外布置山坡截水沟工程。

(2)在阶梯形和大平台形削坡平台布置平台截水沟。

(3)顺削坡面或坡面两侧布置急流槽或明(暗)沟工程,将山坡截水沟和平台截水沟中径流排泄至排水边沟。

(4)在削坡坡脚布置排水边沟,将急流槽中的洪水或径流排泄至河道(沟道),以及其他排水系统中。

陡坡开挖时,应在边坡下部先行设置拦挡及排水设施,边坡上部布设截水沟。

采石场应在开采范围周边布设截排水工程,防止径流冲刷。井下开采的项目,应防止疏干水和地下排水对地表土壤水分与植被的影响。采空塌陷区应有保护水系、保护和恢复土地生产力等方面的措施。

3.5.2 坡面治理配套排水措施要求

截排水质量检验内容包括原材料质量检验,砌石、混凝土及泄水孔检验。

主要检验项目有以下两项:

(1)排水沟:长度、平面位置、断面尺寸、沟底纵坡、跌水、表面平整度、砂浆强度等项目。

(2)泄水孔:孔深、孔径、孔斜度等项目。

质量评定标准包括:

(1)截排水工程的原材料质量必须符合设计要求,砂浆、混凝土的配合比应经试验确定。

(2)排水沟的沉降缝的数量、地下防水工程的埋置深度和反滤层必须符合设计要求,且沟底、沟壁及沉降缝处必须按设计要求进行防渗处理。

(3)泄水孔的深度、孔径必须符合设计要求。

允许偏差项目:排水沟的允许偏差项目应符合表3-5的规定。

表3-5　排水沟允许偏差项目

序号	检查项目		允许偏差	检查方法
1	长度		-500 mm	不少于2条沟
2	平面位置	邻近建(构)筑物	±50 mm	每20 m用经纬仪或全站仪检查3点
		远离建(构)筑物	±50 mm	
3	断面尺寸		-20 mm	每20 m用直尺检查3处
4	沟底纵坡		±1%	每20 m用水准仪检查1点
5	沟底高程		±50 mm	每20 m用水准仪检查1点
6	表面平整度(凹凸差)		±20 mm	每20 m用直尺检查3处

第4章　裸露山体坡面生态修复技术

裸露山体坡面治理方式受多种因素的制约，在进行石壁治理的时候应根据裸露山体的岩性、石壁的风化程度、石壁坡度和石壁表面粗糙程度等制约因素采用不同的治理方式或者多种方式相结合的综合整治。其核心是植被恢复，并在此基础上达到生态系统的自我维持、自我更新，实现生态系统的良性循环。然而，要在石壁上进行植被恢复并使植物能够永久绿化，必须确保石壁上有植物生长所需要的条件，包括水、肥、种植基质等，而且这些条件要能够永远地固定在岩石上。此外，绿化的同时，还要考虑边坡的稳定和安全，要考虑与周围环境协调一致，做到一劳永逸，避免重复建设并尽量减少裸露山体生态恢复的日常维护和管理费用。由于石壁裸露无掩护，表面温差大，且陡峭无土壤，难以保水保肥，对植物生存生长极其不利，生态恢复难度不言而喻。总结国内外裸露山体复绿的经验，并结合在广东省内裸露山体的应用，坡面的治理可以采用以下几种方法。

4.1　70°以下坡面的治理方法

4.1.1　液压喷播植草技术

4.1.1.1　适用范围

液压喷播植草技术适用于土质边坡防护、路堤边坡防护。

4.1.1.2　工作内容

液压喷播植草是一种将草灌种、肥料、土壤改良剂、土壤固着剂、种子黏结剂、保湿剂、纤维覆盖材料等与水通过机械充分搅拌混合均匀后，用高压离心泵和高速喷枪喷射到坪床表面，附着于地表之上，与土壤粒子形成一个有机整体，再通过一定的养护，短时间内快速建植草坪的边坡绿化方法。

4.1.1.3　一般要求

1）坡面处理

草灌种应喷播在经过验收的稳定边坡上，易碎落的孤石或松动的杂石应予清除，坡面应平整，坡率要符合图纸要求。边坡表面不宜太光滑，喷播前在其表面挖蜂状或平行槽沟，槽沟不宜过深，一般为3～5 cm，行距不超过20 cm，不得影响覆盖率。

对于边坡高度$H \leq 4$ m的土质路堤、路堑，修整坡面后可直接喷播；当边坡高度>4 m时，应先进行工程防护（由土建承包商施工），再进行边坡绿化；对于石质填方路堤，应先整修坡面，而后培土（厚度不小于10 cm），再进行边坡绿化。

2）喷播施工

上边坡喷播时应采用由纸浆或木质纤维制成的土壤稳定剂、土壤改良剂，再加入消毒剂和肥料，通过高压喷播植草机均匀喷洒于经过处理的边坡上，喷洒厚度约为0.5 cm。

下边坡则可视具体情况减少添加剂。用于喷播的高压喷播植草机马力不低于 20 HP，扬程不低于 25 m，垂直高度超过 40 m 的边坡，在施工时应增设加压装置。如果雨量充沛，喷播后须及时加以覆盖，覆盖物为可腐纤维（如无纺布等），以阻止地表径流冲刷草籽，但覆盖物须保证空气和水分流通，给草籽的生长提供良好的温床及适宜的温度和湿度，并对土层起初期的防护作用。无纺布的铺设必须顺坡向，并在适当位置作简易固定。

3）种子的选择

喷播种子的选择应坚持草灌结合、冷暖结合、四季常绿的原则。

近年来，该技术在边坡复绿工程上已经取得了比较好的进展，如于 2002 年 12 月竣工通过验收的深圳富源裸露山体，如今已经基本恢复到了自然状态。

4.1.2 挂土工格栅植草灌防护

4.1.2.1 适用范围

挂土工格栅植草灌适用于较稳定的路堑、路堤的中低边坡防护。

4.1.2.2 施工内容

施工工艺流程为：边坡表层坡面处理→挂土工格栅→固定→回填土→喷植草灌。

4.1.2.3 一般要求

1）边坡处理

清理坡面松动物体，坡面大致平整处理。

2）铺设土工格栅

铺设土工格栅和固定同时进行，边挂边固定。

（1）铺设土工格栅技术要求：土工格栅在坡面自上而下铺设，相邻网格搭接紧密，格栅紧贴坡面，无扭曲和悬空现象。

（2）固定技术要求：挖方边坡，主锚钉选用 Φ10 mm 钢筋做成的 U 形钉，辅锚钉选用 Φ8 mm 的 U 形钢钉，在坡顶、搭接处及主受力部位采用主锚钉固定，坡面其余部分采用辅锚钉加固。坡顶锚钉间距 50 cm 一个，坡面锚钉间距 100 cm 一个，具体数量可据坡面情况灵活调整。

3）回填土

格栅固定后，把植壤土、泥炭肥及土壤改良剂等混合物填充入栅格内，适当压实。

4）喷植施工

通过液压喷播植草机，将草灌混合物（含草种、灌木种子、黏结物、肥料、消毒剂等）均匀喷播在格栅内的回填土上，随后覆盖无纺布。

5）种子选择

绿化植物的配种应坚持草灌结合、冷暖结合、四季常绿、生长粗放的原则。

4.1.3 挂网喷播复绿技术

喷播前一般要先在石壁上安装网格，再利用特制喷混机械将土壤、有机质、保水剂、黏合剂和种子等混合后喷射到岩面上，在岩壁表面形成喷播层，营造一个既能让植物生长发育而种植基质又不被冲刷的多孔稳定结构，保证草种迅速萌芽和生长。

养护管理特点:喷播后应在上面铺盖薄膜或遮阴网进行防护,防止由于风吹雨打、烈日暴晒而产生冲蚀、裂缝和脱落现象,必要时还应对喷播坡面强度进行加固,增强其抗性。

根据适用坡度的不同,可把挂网喷播复绿技术分为三维网客土喷播法和喷混植生技术。

4.1.3.1 三维网客土喷播法

该方法是集坡面加固及植物防护于一体的复合型边坡植物防护措施。应用可降解的材料制成三维网,从坡顶开始自上而下铺设,前后两网之间的搭接长度大于 10 cm,对于个别不平整的坡面用锚钉固定,使三维网紧贴坡面;通过锚杆和三维网的连接,能起到稳定坡面的作用,尤其对于松散、破碎的石质坡面,在播种初期起到防止冲刷、保持土壤以利于草籽发芽、生长的作用。然后利用喷射机向网内喷播种子、肥料、保水剂、黏土等混合材料,喷射厚度不小于 7 cm,喷播过程应连续,喷播完成后将喷射机和输料管内的积料清除干净。喷播后,在坡面覆盖无纺布以保持坡面水分,减少降雨对种子的冲刷,并在草籽生长期间适当浇水、补种、清除杂草和防治病虫害等。由于植物生长层和草籽混合层中均有肥料均匀分布,肥料能发挥最大效能,在草坪养护管理期间只需定期洒水即可。

该方法仅适合坡度小于40°的泥质边坡。广州南沙金洲二裸露山体局部采用了该技术,其中银合欢已茂盛生长,基本达到了绿化的设计要求。

4.1.3.2 喷混植生技术

喷混植生技术是一项技术、设备要求较高的岩质边坡防护措施,适用于 45°~75°的非光滑岩坡面,利用特制喷混机械将有机基材、保水剂、黏结剂等混合均匀喷射到岩面上形成一层可供种子发育的多孔组织有机基层。为了使有机基层与坡面更好地结合,要先在坡面上铺挂一层经过塑胶防锈处理的铁丝网,起到“加筋”的作用。然后在有机基层上采取喷播种子、栽植灌木等绿化防护措施。具体施工过程如下(见图 4-1):

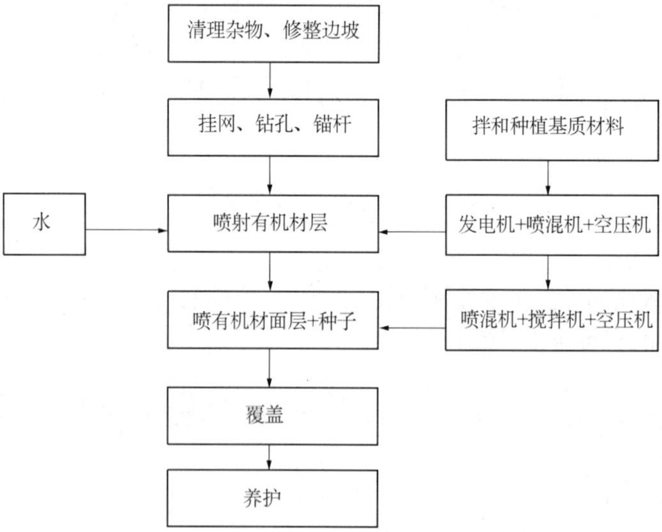

图 4-1 施工工艺流程图

(1)清理杂物,修整边坡。清理边坡上的碎石杂物,特别是浮石、浮土,同时对边坡作简易修整。如边坡有些凹凸不平，只要边坡不影响挂网就可以不进行修整。对于特别凸的地方用工具作修理，保证边坡的稳定性和挂网的可操作性。

(2)钻孔、挂网、锚杆。由于坡面较陡，在坡面上铺挂铁丝网进行护坡，防止坡面坍塌。铁丝网选用机编镀锌网。具体操作方法为：将铁丝网沿坡面顺势铺下，铺设时应拉紧网，铺整顺后用长锚杆和短锚杆自上至下固定，铁丝网与坡面保持距离 3 ~ 8 cm。用钻机在坡面上打孔，然后用锚杆或锚钉将铁丝网固定。坡度越大，对锚杆、挂网要求越高。一般坡度在 50° ~ 70°，锚杆 $\phi = 10 \sim 20$ mm，$L = 500 \sim 1\ 300$ mm，按斜坡行间距 1 000 mm × 1 000 mm，长短间隔布置。挂网一般采用机编镀锌网（规格）：50 mm × 50 mm，$\phi = 3 \sim 4$ mm，长锚杆 $L = 0.6 \sim 1$ m，短锚杆 $L = 0.3 \sim 0.5$ m，长锚杆与短锚杆交错排列，纵横向间距约为 1 m。在坡顶处，铁丝网应伸出坡顶 30 cm，用锚杆砸紧埋于土下。铁丝网之间搭接不小于 5 cm。由于长锚杆兼有固坡及挂网的双重作用，因此在布置长短锚杆时应根据坡面的具体情况，在预先不能清除的危石及节理裂隙较发育处适当加密长锚杆的数量，而在坡面平整、岩体稳定处可用短锚杆代替长锚杆，间距可适当调整。

(3)喷射有机材层。根据岩质情况拟出合理的有机材配比搅拌均匀后，利用喷混机械将有机材干料加保水剂、pH 缓冲剂和水搅拌均匀喷射到岩面上。喷射要均匀，喷射平均厚度要达到 10 ~ 15 cm。

(4)喷播植物种子。有机层喷射完毕后进行有机材面层喷射。厚度一般为 3 ~ 4 cm，加入种子。保证有机材在铁丝网上不小于 5 cm，形成供植物生长发育的基质层，局部凹缓坡面处建植生盆植乔、灌木。

(5)覆盖。为了保证种子的发芽率，选用 13 g/m^2 的无纺布从上至下进行铺盖。用竹签或 U 形钉固定，注意保持搭界。无纺布的覆盖起到保水保温的作用并防止发芽期雨水对坡面的冲刷。无纺布待苗出齐后揭除。

(6)养护。植物喷播完毕后，在草种发芽、成坪期和苗木恢复生根期的养护工作是至关重要的。在这个时期应每天检查工地保持基质层湿润。根据天气情况控制浇水量，结合浇水进行病虫害的防治和生长期追肥，使其顺利进入生长旺盛期。在草苗成坪、苗木生长正常后（大约 3 个月后）逐渐减少浇水次数，锻炼植物的适应能力。但在一年内尤其在旱季要视天气情况对其进行定期护理，逐步进入自然生长状态。

治理效果：喷播完工后，种子在 7 ~ 10 天内萌动发芽，15 ~ 20 天齐苗，一个月内成坪，3 个月后覆盖率达到 85% 以上，水土保持产生初步成效，一年后灌木、藤本生长茂盛，逐步恢复自然生长状态，彻底达到水土保持、恢复生态的根本目的。

优点：造价较低，简便，有利于石质边坡的快速生态修复。

缺点：锚杆处理不当，时间一长会生锈，寿命就会受到影响。施工时，要特别做好锚杆的防腐、防锈工作。

4.2　70°以上坡面的治理方法

70°以上陡壁的治理是裸露山体治理最艰难的部分，直接挂网喷草技术和喷混植生技术已不再适用，需要采取其他的方法，基本的着眼点在于创造植物生长的小环境。因此，要根据具体的石壁特点,采取灵活的治理方式。

图 4-2 为燕槽法护坡施工工艺流程图。

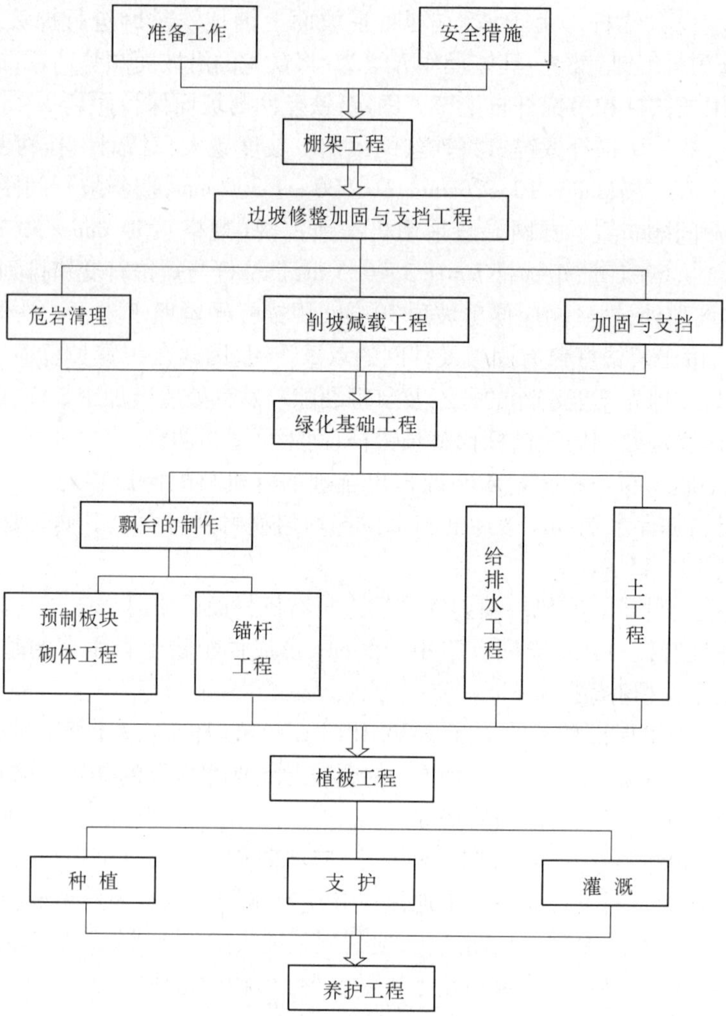

图 4-2 燕槽法护坡施工工艺流程图

建造植生槽绿化技术(也称飘台法)是一种专门针对高、陡岩石边坡快速生态修复的新型绿化技术。经过多次实践对比发现,该技术是目前对于坡度≥75°的岩石边坡快速生态修复、水土保持和美化环境的最为有效的一种方法。

这种方式适用于硬石壁的坡面,石壁下方有些有深水坑,施工难度最大。这种方式有插板法和现浇法。

插板法具体做法是:①预制混凝土插板,板长宽为 40 ~ 50 cm,钢筋骨架主筋用两条直径为 20 ~ 25 mm 螺纹钢扎成,螺纹钢一端预留 20 ~ 25 cm 外露,作插架用;②沿岩壁面搭施工脚架;③壁面上 2 ~ 3 m 建一排板槽:在石壁上一般以 45°角打钻一排孔,深 25 cm 以上,加注素水泥浆后将预制板插入,板与板之间、板与石壁之间的空缝要用水泥砂浆或硅填满,槽内放置生长基质,种植耐旱类和攀爬藤本植物。

这种方式,单块板在地面预制能取得较好的强度,与现浇式比较能减少在坡面大批量地安装模板。但预制板不能设计过大,否则板较重,不能安装;而板面小,装载的土壤相对就较少,对植物生存又不利。由于岩面凹凸不平,预制板与岩面吻合不好,板外边线也安装不顺畅,整体强度不高,板槽局部变形较多。

现浇法:现浇法与插板法都是在岩面建造一个个飘台(板槽),除在施工方法上不同外,现浇法的飘台宽度达 80 cm,要比插板法宽 50 cm,因而容量也大,复绿效果要好。

现浇法板槽施工:先在石壁上同一水平线上钻排孔,钻孔与石壁成 45°角,每隔 25 cm 钻一个孔,孔深 25 cm,在地质情况复杂、有半风化岩石夹杂状况下,孔深 30 cm 为宜,并每隔 3 m 加一个锚固筋孔,孔径 30 mm、深 3 m。然后插入 Φ14 螺纹钢(插入段要用防锈漆进行防锈处理),再布置 Φ6 圆钢横筋;锚固筋孔插入 25 cm 的钢筋,孔内注入水泥砂浆,外露头用砂浆封堵住。板槽的上下间距为 3 m,板槽 0.8 m 宽、0.06 m 厚。在钻上一排孔洞时,在下面距上一排孔 5 cm 处打另一排孔,用 Φ14 钢筋插入孔内,作安装模板用。装模完后现浇。混凝土配比设计标号为 C25,浇筑后三天拆模。具体施工过程如下:

(1)边坡修整加固。清理边坡上的碎石杂物,特别是浮石、浮土,同时对边坡作简易修整,并保证边坡的稳固。

(2)特制钢筋水泥预制槽板。为了便于在岩石边坡上建造植生槽,根据植物所需的生长面,我们特制了一种水泥预制槽板,大样如图 4-3 所示。

(3)钻孔。由于坡面较陡(≥75°),在确保安全的条件下,组织人员在坡面上钻出与坡面成 45°左右的锚孔,为安插水泥预制板,建造植生槽奠定基础。

(4)建造植生槽。把预制好的水泥板吊运到坡面上,一块一块地对准锚孔插入预制板,便形成一排排与坡面成 45°角的植生槽。为岩石边坡快速生态修复奠定了良好的基础。

(5)固定植生槽。为了保护锚杆不受锈腐,确保植生槽稳定、牢固,必须利用高标号水泥砂浆把预制板与坡面的空隙、锚杆露出部分浇筑密封好,以保证植生槽的耐久性。

(6)铺填种植土。在每一排植生槽中铺填上占槽体 3/4 体积的种植土。种植土成分为种植壤土、复合肥、保水剂、泥炭土相结合,保证植物生长所需的养分。

(7)种植乔灌 + 藤本植物。

优点:适用面较广,可因地制宜;方便安装灌溉管道;当飘台密度较大时,复绿时间较短。

缺点:飘台的截面积较小时,土壤体积小,保水能力差,乔灌木的生长受到限制,施工难度较大。

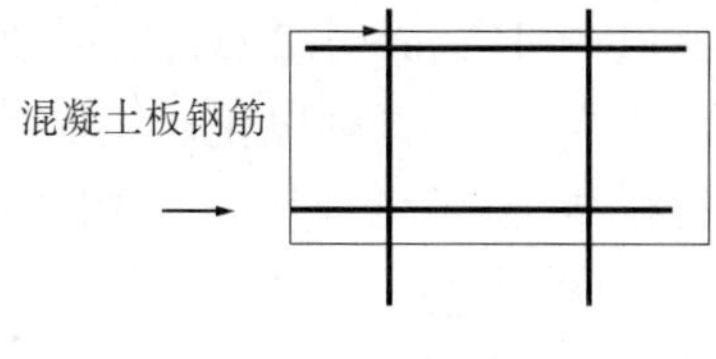

图 4-3　钢筋水泥预制板剖面大样图

4.3　安全施工技术

4.3.1　清理危石和准备

裸露山体开采面留下的石壁由于经过采石爆破,陡峻的山岩上呈现凹凸不平的形状,并存在各种危石松散岩体、碎石等,施工时首先要进行工作面清理。清理时从高至低逐级清除,对于不能清除和不便清除的危石,通过植入钢筋、挂设钢筋网灌注混凝土等方法进行锚固。选择适应高空的施工作业人员用两根安全绳,双重保险,两人一组,互相更换,一人排岩,一人监视安全绳。清理危石后才搭设施工排栅。山脚有水潭的裸露山体,要搭设浮桥和平台进行施工。

4.3.2 施工排栅搭设

施工排栅搭设采用均一材料,由于地形复杂,排栅需要沿山体弯曲搭设,因此唯有搭设单排排栅,才能满足施工需要。但竹排栅不符合现行房屋建筑规范:施工排栅要采用钢质材料和要搭设双排栅的要求。因而需经过安全论证,才能实行。

4.3.2.1 排栅搭设方法

(1)立杆。排栅立杆采用上好材料,竹料要求:生长 3 年以上的原竹,不许用青嫩、枯黄、裂纹、虫蛀、腐朽的材料。搭接长度不小于 1.5 m,同时绑扎 3 ~ 4 道。支撑点选在坚固的岩石壁的地方,不可选在有松动的岩石壁的地方,如地形不适合用钢凿凿平,以便排栅立杆定点安装,间距 600 mm,立杆基础确保稳固,选择坚固的岩石石阶(台),不能受塘水涨落浮动的影响。

(2)横杆。纵向横杆也要采用上好材料,与立杆成纵横交叉而捆定,间距为 600 mm。

(3)中间支撑。中间支撑是排栅搭设的关键点。由于山体弯曲表面凹凸不平,排栅与山体之间还要留出大约 80 cm 宽槽板的空位,也为了便于搭设便桥,因此中间支撑要很牢固。结合拉结筋,进行一撑一拉,将排栅固定。布设密度:岩高 50 m 以下,4.2 m × 4.2 m;50 ~ 100 m,3.6 m × 3.6 m; 100 m 以上,3 m × 3 m。中间支撑也要采用上好材料,一端根据石壁面不同选择最佳受力点固定,另一端与排栅横立杆连接捆固。

(4)锚杆。锚杆采用 Φ16 螺纹钢筋,钻孔斜插入石壁 200 mm,作为拉索的固定点。采用 8 ~ 10 号钢丝,多股拉结,一端固定锚杆,另一端与排栅捆固加上撑杆,拉紧收固,只承受拉力和防止排栅外倾,并根据山体高于 50 m 的山体部分设置一定数量的刚性拉结件,采用钢筋焊固。

(5)锚杆的布点。必须选择岩体坚实处,重要部位采用梅花布点。布设密度:岩高 50 m 以下,4.2 m × 4.2 m; 50 ~ 100 m,3.6 m × 3.6 m;100 m 以上,3 m × 3 m。锚固点布在松散岩或泥夹层(强风化岩),必须移位布点,无法移位可打入 Φ25 钢筋或炮钎 1 m 以上进行拉结,钻孔均斜上 45°,预防多方向冲击力。

(6)平桥。平桥宽度基本是排栅与山体的距离,但实际有些地方根本就搭不了,人只能站于排栅上。平桥如果影响槽板浇捣即要拆开,平桥是简易式的,方法是在山体上打一排孔,将钢筋一端打入孔内,另一端靠在排栅上,在钢筋上铺上脚板,可以容许一个人站在上面操作。工人要挂好安全绳。

(7)剪撑。剪撑应根据山形紧贴横立杆,剪撑杆形成四边形的网状结构,达到固定整体排栅的作用。

(8)安全网。在原有排栅架子上另加尼龙细格网,纵向间距为 12 m 左右,宽度 1 m,与排栅基本形成钝角。

4.3.2.2 排栅结构安全分析

排栅结构受力分析：施工均布活荷载取 1.5 kN/m^2 壁强度，花岗岩一般 MU80；轴心受压 σ_a =240 MPa；抗拉力 σ_1 =9.5 MPa，弯曲拉应力 σ_{ul} =16 MPa。结构分析如下。

(1)立杆和横杆的间距均为600 mm×600 mm，当锚固点与中间支撑布设为4.2 m×4.2 m时，其控制面积为17.64 m^2；当均布活荷载取1.5 kN/m^2，控制面积内承担荷载为17.64 m^2×1.5 kN/m^2 =26.46 kN。若排栅搭设平行山体为45°时，斜载力：P_m(斜) = 26.46 kN ×cos45° = 26.46 kN×0.697 4 =18.48 kN。竹中间支撑的承载力计算：一个控制区内4根支撑，安全系数取1.4。

每根竹支撑承载力：1.4×18.48 kN/4 =6.47 kN

横杆、立杆的承载力(各6根)：6×6 = 36个方格(根)

各根承载力：1.4×18.48 kN/36 =0.72 kN

排栅架体与锚杆用8~10#镀锌铁丝四股拉结。

拉结与锚杆成45°，同时与中间支撑杆也成45°。锚杆与拉结筋的拉结承载力为：

1.4×18.48 kN/4×cos45° =4.51 kN

锚杆抗拔承载力 $R_t = \sum fw\pi h_z$

锚杆采用Φ16螺纹钢，钻孔深 h_z = 200 mm，孔径 D =20 mm，经验系数(临时)取为0.9，f 取0.6，$w\pi$ 锚孔周长 = π×D =3.14×20 mm = 62.8 mm

R_t =0.9×0.6×62.8×200 = 6 782.4(N)(6.782 kN)

(2)岩面高50~100 m，锚固点布设和中间支撑布设为3.6 m×3.6 m时，其控制面积为12.96 m^2，45°方向斜搭时，控制面积内承担荷载为：12.96 m^2 ×1.5 kN/m^2 ×cos45° = 13.18 kN。

每根中间支撑承载力计算：1.4×13.18 kN/4 =4.61 kN

锚杆与拉结筋的拉结承载力为：1.4×13.18 kN/4×cos45° =3.22 kN

锚杆抗拔承载力：锚杆钻孔深250 mm(Φ16螺纹钢，孔径 D =20 mm)，R_t =0.9×0.6×62.8×250 =8 478(N)(8.477 8 kN)

计算分析：锚杆与拉结筋拉结承载力不计安全系数，反计算锚杆锚固的安全系数如下：

4.2 m×4.2 m布设时为：锚杆抗拔承载力/锚杆与拉结筋拉结承载力 =6.78/4.51 = 1.5；

3.6 m×3.6 m布设时为：8.48/2.30 =3.68。

排栅搭设依靠锚固钢筋和中间支撑来维持架体的稳定，锚固点和中间支撑杆越密，安全系数就越高；排栅越倾斜，中间支撑承载力就越大，锚固钢筋和拉结筋受力就越小，立杆受力也越小，反之越大；而横杆受力基本不改变。

排栅的立、横支撑杆的小头直径应尽量大于7.5 cm，满足承力与架体稳定的要求。

4.3.3 石壁上槽板施工时的运输技术

石壁上进行槽板施工，由于石坡表面凹凸不平，坡体倾斜折曲环境情况复杂，物料运送非常困难，在技术和经济上不可能安装塔吊、升降机等大型垂直运输工具，施工上采用小型卷扬机组成简易索道运输系统来运送物料，安装简单安全，但运载量很小，施工速度慢。

小型卷扬机组运输方案即是简单索道运输方案，是在山顶设一个锚固点，固定一台卷扬机的钢丝绳（承重绳）的一端和另一台卷扬机钢丝绳（牵拉绳）用的滑轮，两台卷扬机在山坡下固定。通过一台卷扬机承重绳的收放和另一台卷扬机牵拉绳的牵引配合，将物料送到坡边，然后由工人将其卸下（见图 4-4）。

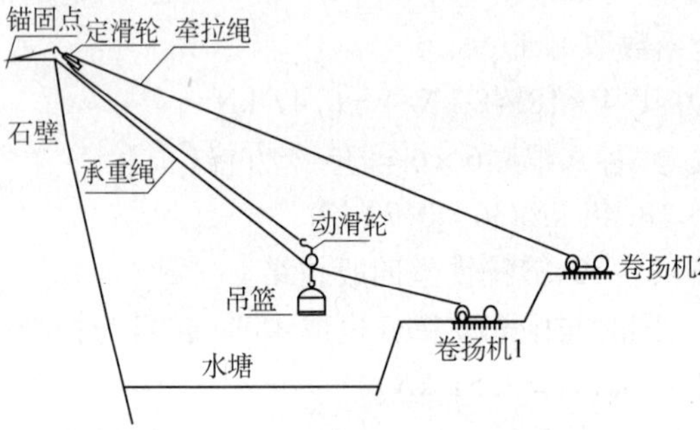

图 4-4　卷扬机组索道运输简图

吊篮坡下装料时，两台卷扬机的钢缆绳处于松懈状态，装好后，连接牵引绳的卷扬机 2 先将牵引绳收紧，然后连接承重绳的卷扬机 1 再将承重绳收紧，待吊篮提离地面后停止，卷扬机 1 起动将吊篮沿承重绳（索道）拉上去，待到适当位置后停止，再慢慢放松承重绳，在重力下，吊篮摆动靠到山坡边后停止，然后工人将物料取下，再移动到左右其他位置。卷扬机 1 采用 JK1 型卷扬机，卷扬机 2 采用 JK0.3 型卷扬机。卷扬机 1 钢丝绳额定拉力 10 kN，钢丝绳直径 9.3 mm，整机重 245 kJ，卷扬机 2 钢丝绳额定拉力 3 kN，钢丝绳直径6.2 mm，电动机功率 1.1 kW，整机重 90 kJ。卷扬机 2 对承重绳施加拉力时，承重绳慢慢被拉直，则合力夹角 θ 变大，当牵引绳不对吊篮施加拉力时，在重力下，吊篮滑动到左右两边钢丝绳与垂直方向的夹角相等 $\alpha=\beta$ 的位置（见图 4-5）。当吊篮处于两边的夹角相等的位置时，吊篮停止不动，牵引绳也不需施加拉力，荷载全部由承重绳分担，承重绳受到的拉力最大。当承重绳被卷扬机 2 拉得越直，绳的夹角 θ 越大时，承重绳受到的拉力就越大。

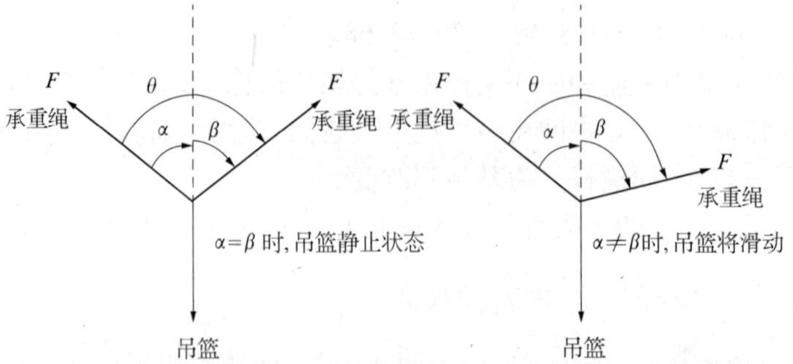

图 4-5　卷扬机 1 承重绳受力情况

4.3.4 槽板的载荷试验

岩坡上的槽板施工完毕，经过28天的龄期保养，强度达到最大后，要进行载荷试验。

(1)试验点定位，选择安全、可操作和有代表性的测点(由质检人员指定)。试点数一般按裸露山体槽板总长度的千分之一计算，试验点长度取1 m，不足时单板(每件)取0.5 m。

(2)载荷重量：槽板载荷考虑种植土、检修人员和苗木再生长的荷重。试验荷载每米长按静荷载考虑种植土2 kN，按动荷载计考虑检修人员0.6 kN和苗木再生长0.35 kN，共0.95 kN，动荷载取试验安全系数2，1 m试重为3.9 kN(若取0.5 m，试重为1.95 kN)。结合工程实际情况，采用砂包过磅平衡加荷的方法，一次加荷完毕，安装仪器(百分表及其磁性表座，裂缝显微镜等)观察4小时，每半小时记录一次数据。结果应符合技术安全标准。

槽板置于悬岸、陡壁或有深潭危险性较大的裸露山体，选择测点必须安全和具有可操作性。检测时需加强配合，并加强安全防范。

4.3.5 挂笼砖绿化技术

挂笼砖绿化法采用工厂生产配制的栽培基质加黏合剂压制成砖状土坯，在砖坯上播种草类等植物种子，经养护后，砖坯内长满絮状草根的绿化草砖，将草砖装入过塑网笼砖内，形成绿化笼砖，将笼砖固定在岩质坡面上，达到即时绿化效果。该技术解决了75°以上的石壁边坡绿化难题，在香港已推广应用。

4.3.5.1 施工工艺流程

施工工艺流程见图4-6。

4.3.5.2 制作技术及要求

笼砖规格为50 cm×40 cm×10 cm，重约15 kg，每个笼内装两个草砖，具有保水保肥、耐雨水冲刷、时效长(5～10年)等特点。

草砖播种密度一般为20 g/m^2，草高5～8 cm，用植物3～5种进行配置，主要品种为百喜草、狗牙根、高羊茅、蟛蜞菊、铺地龙及适量花卉品种等。

网笼制作采用过塑镀锌铁丝六角网，网孔面积36 cm^2，镀锌铁丝直径2.2 mm，过塑后直径3.2 mm，耐用期40年以上。

4.3.5.3 施工(安装)技术及要求

(1)石壁坡面上放置笼砖施工前，应将坡面进行处理，对容易松脱的石块要进行清除，凹凸不平的采取填泥等措施。对局部较大微凹地形裂隙及破碎处，修建植生盆种植乔、灌木(小叶榕、银合欢)，一般要求每100 m^2 内6～7株。

(2)笼砖的安装：在石质坡面上自上而下用电钻打孔(容易松脱的石头上不能打孔)，用水泥将直径12 mm、长15～20 cm的镀锌螺杆固定，挂好笼砖后用螺母、介子固定。

(3)养护管理：笼砖具有较好的保水、保肥能力，一般常规养护管理即可。

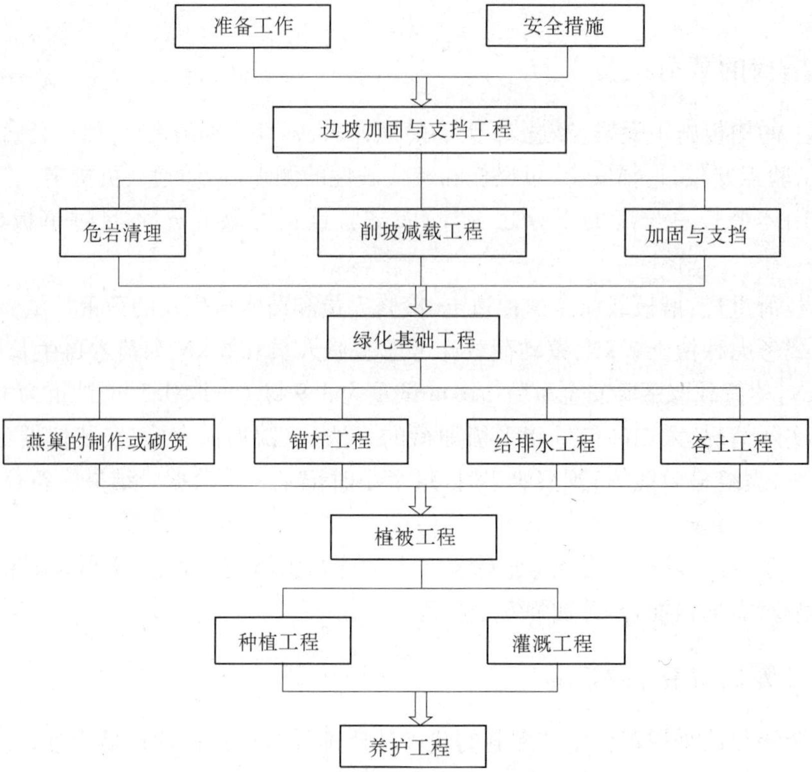

图 4-6　施工工艺流程图

4.3.5.4　目标与要求

笼砖安装完毕,即时就有绿化效果。植物能够长年生长,同时有其他植物侵入共生,达到自然演替的生态环境目标。

4.3.6　人造植生盆(燕巢法)

利用石壁微凹地形或破碎裂隙发育环境进行人造植生盆。回填种植土植爬藤和小灌木。其施工技术要点如下:

(1)利用微凹地形建造植生盆:在微凹口外侧人工开拓平台,用浆砌块石砌筑植生盆,回填种植营养土加保水剂,植乔灌、爬藤,一般要求直径 >50 cm,深度 >50 cm。

(2)利用破碎裂隙发育环境,人工开拓穴坑,在开口处砌筑挡墙,回填植生营养土加保水剂,植乔灌、爬藤,一般要求直径 >50 cm,深度 >50 cm。

(3)平面布置:视植生盆大小及边坡形态确定平面间距,一般间距 2 m 左右,达到快速覆盖绿化目的。

(4)施工难点:利用石壁微凹地形或破碎裂隙发育环境开凿,植生盆施工安全性要求较高,施工时必须使用安全绳等安全用具。

优点:因地制宜,施工灵活,与其他方式同时使用时,能弥补其他复绿方式的不足。

缺点:土壤体积小而保水能力差,灌溉布管及养护困难,植物成活率低。因此,燕巢法不宜单独或大面积使用,宜作为其他复绿方式在一些特殊地方的补充。

4.3.7 台阶式复绿法

台阶式复绿法指在开山采石的过程中,采用多排孔定向爆破使开采后的石壁呈梯形台阶。在每一阶梯平台上覆土并植树,当树木枝繁叶茂时,整个开采面将全部被遮盖,这不仅可治理水土流失,同时也改善了自然景观和生态小气候,也利于后期种植其他植物。选择抗性强的攀爬植物和乡土树种并结合一定的景观植物来创造景观效果,如攀藤植物爬山虎(*Par. heterophylla*)、青龙藤(*Par. thenocissus laetivirens*)等,浅根系、耐旱、耐贫瘠的乡土植物细叶榕(*Ficus microcarpa*)、勒仔树(*Mimosa sepiaria*)等作为主体乔木,再配合种植耐旱、耐高温的花灌木如夹竹桃(*Nerium oleander* L.)、大红花、勒杜鹃(*Bougainvillea glabra*)等作为景观植物,地表种植香根草(*Vet. zizaniodes*)等固土草本植物。大井裸露山体和坦尾裸露山体均采用了此种工程技术,台阶上的乔、灌木生长良好,目标树种基本上代替了先锋树种,整个裸露山体的复绿效果已经显现。

技术要点:①平台高差的确定。一般平台高差控制在 10 m 左右,如果因石壁坡度太大,石面岩质情况复杂而不能控制在 10 m 左右的,可在两平台之间加入其他复绿技术。②选择植物。宜选当地适生、根系相对发达、成熟高度在 3 cm 以下的抗性强的品种。③确定客土厚度。客土厚度既要考虑工程量的大小,又要考虑覆土层的稳定性和理化性,还要与所选树种相适应,一般可在 60 ~ 130 cm。④确定阶梯宽度。为有效地遮盖开采面,每一阶梯平台最好种植两行树,错位布置。考虑覆土稳定和布设排水沟的需要,阶梯宽度一般在 5 m 左右。⑤布设排水系统。为防止降雨形成的地表径流冲刷开采面及覆土,平台外侧边要砌毛石挡土墙,高度 80 ~ 150 cm,沿开采范围线外侧布设截流沟,沿阶梯平台内侧布设排水沟。排水沟由中间向两头设置一定比降,与截流沟相连,使地表径流最终进入裸露山体总排水沟。

4.3.8 植生土工袋复绿技术

植生土工袋复绿技术适用于陡峭石壁,利用石壁裂隙破碎发育环境,人工开拓凹口或利用微地形(平台、凹口)安置土工植生袋。土工袋应具有较高强度和抗老化性能,袋内配置植生营养土加保水剂。安放时袋底贴紧破碎或裂隙发育处,植爬藤 2 ~ 3 株,依边坡微地形恰当布置,达到快速覆盖绿化的目的。该方法是目前世界上唯一采用自然材料和植物而不用钢筋、水泥等硬质的材料来建造永久性稳固结构的一种复绿技术,是在河流、湖泊侵蚀控制、边坡修复、堤岸保护与水土保持领域唯一能够提供生态植被化边坡和墙体的工程技术,从而解决了如何使结构工程与生态工程完整、完美统一的问题。该技术是裸露山体边坡绿化技术的一个质的飞跃,是技术上的一个大胆创新,它将生态、环保、绿化和工程结合起来,利用软体材料代替硬体材料来建造有生命的三角加筋生态结构,就地取材,运输方便,节省资源,很大程度上降低了工程成本。同时,技术利用的生态袋具备透水不透土的功效,基本上解决了由于大雨产生的进水渗透压力、沉降、地震等带来的问题,选种的根系发达的植被种子可以在生态袋里快速发芽生长,最终形成一种永久性绿化边坡。利用该技术进行的绿化在增加大气中氧气含量、改善水质、美化环境等方面也有很好的作用。

植生土工袋复绿技术适用范围广，几乎在所有的土木工程中都有发挥作用的场所。最常见的使用领域主要有以下几个：

土壤侵蚀——能够很好地防止土壤侵蚀，恢复自然生态环境。

灌溉系统——构筑陆生生物的无公害通道和避难场所，有效地抗击大规模化肥和农药的施用，防止农药和化肥的外流，遏制对水源的污染。

矿山植被生态修复——综合利用矿矸石，科学整治沉降区，在绿化工程创伤、美化矿区环境等生态效应方面可以发挥很好的作用。

江河湖海滨岸——利用植生土工袋复绿技术搭建人类和野生生物和谐共处的黄金海岸线，可以用做导航指标，同时也是一道靓丽的海岸风景线。它能够有效地降低风速，减小风暴对人类造成的影响。

陡坡稳定——由于植生土工袋技术构建的是一个有生命的三角加筋生态永久结构，在稳定边坡尤其是在大坡度的边坡绿化上起到不可替代的作用。利用载重排水，无需动用重型机械及设备，操作简单，危险系数小，工随人意。

4.3.9 迹地、马道及其他平缓地种植绿化技术

裸露山体迹地、马道及其他平缓地可以采用穴状种植模式，但项目区立地条件恶劣，部分区域石渣、石粉占据地表上层并具有一定的厚度，植物不能生长，需要对石渣进行换土处理，并进行施肥，即采用局部客土造林的方式。

植物选择与配置：树种选择是造林绿化的首要问题，从生态恢复的要求出发，树种选择要遵循适地适树、乔灌结合的方式，要根据各地条件和城市景观的要求而定，一般选择耐贫瘠、耐干旱的灌、乔木树种，同时考虑到季相景观变化进行客土造林。

整地：依据“因地制宜，合理布局”的原则，整地采用穴状整地方式，整地规格为：乔木 80 cm×80 cm ×60 cm、灌木 60 cm×60 cm×40 cm。

造林方法：采用大苗造林。带土坨大苗移栽及大容器苗造林有利于减轻对苗木根系的破坏，造林后可以缩短缓苗期。大苗移栽及大容器苗造林要严把苗木质量关，常绿树苗木选用苗高在 2.0 m 以上的 1 级苗；阔叶树苗木要求胸径 3 cm 以上；灌木选地径 1 cm 以上的 2 年生实生苗。根据树种根系生长特性和苗木规格，确定适宜的土坨大小，一般土坨直径应在 30 ~ 50 cm，起苗时要保持土坨完整，包扎结实，运输和搬运过程中注意不要散坨，轻装轻卸，起苗后应及时栽植。按照“三埋两踩一提苗”的栽植要领将苗木定植在坑内，并用客土回填，及时浇水，保持客土湿润，有效提高成活率。植苗后要及时灌溉，保证成活率，同时要加强管理，防止鼠、病、虫害，提高保存率。

迹地绿化技术相对于石壁而言要容易得多，但迹地条件差，要使树木草被持久茂盛，必须重视施肥管理。客土要求拌适量有机肥、长效复合肥或磷肥，用量为有机肥每穴 2 ~ 6 kg、长效复合肥或磷肥每穴 0.05 ~ 0.5 kg。

4.3.10 藤本植物在喷混凝土坡面等的应用

对坡度大、开采面高的石壁，特别是喷混凝土坡面可在剖面上按一定间距（每隔 10 ~ 15 m）插钢棒并架设水平种植台或预制特种花盆，加入配方土壤后种植上攀下援藤本植

物。由于藤本植物在石壁上爬行速度受限，也可在坡面拉网或搭架，使这些植株借助网架向各个方向攀援，以达到快速、高效和全方位的整体复绿效果。

技术要点：确定种植台体积。种植台的大小设计和施工是复绿成功的关键。体积过小则容纳土壤过少，影响植物生长，而且覆盖面积也达不到；体积过大则土壤容量过多，造成投资浪费。针对坡面和地形特点搭网支架，以利于植物攀爬种植。填充较为质轻、保水性好、肥效长的配方土壤，上攀藤本植物可选用爬墙虎（*Parthenocissus tricuspidata*）、地锦（*Euphorbia humifusa*）、爬拉藤（*Galium apurium*）、凌霄（*Campsis grandiflora*）、扶芳藤（*Euonymus fortunei*）、常春藤（*Hedera nepalensis*）等，下援或向四周爬行的藤本植物可选用蟛蜞菊（*Wedelia chinensis*）、蛇葡萄（*Ampelopsis brevipedunculata*）、鸡蛋花（*Plumeria rubra*）、珊瑚藤（*Antigononlep topus*）、炮仗花（*Rhododendron spinuliferum*）等。

养护特点：初期应注意水肥处理，对搭建的网、架整体稳定性要求高。

优点：种植台可使基质免受雨水的冲刷，保水保肥效果好；待植物长成后，除在干旱季节适当浇水外，其余时间可不进行养护。另外，攀援植物能很好地覆盖石壁表面，栽植面积小，这是其他乔灌木或草本植物所无法实现的，同时可根据周围环境选用与之相对应的品种，达到协调一致的目的。

缺点：施工难度大，费用高，安全性差，要求土壤有良好的保水性，前期养护要精细。若植株依附网架生长，则对边坡的稳定起不到大的作用。

第 5 章　裸露山体生态修复植物选择

5.1　裸露山体生态修复植物选择原理

在生态治理、生态恢复过程中，植物群落不是一成不变的，而是随着时间的推移有一个逐渐演绎的过程。涉及的植物包括先锋植物、建植植物和延生植物。演绎是植物群落由低到高、由短寿命到长寿命的过程。先形成草本植物群落（先锋植被），再形成草、灌混生植物群落（进化植被），最后形成草、灌、乔多样性混生群落（稳定的护坡植被）。

先锋植物的选择很重要，它是首先在被破坏的地方定居和繁殖的。先锋植物、建植植物作用特点和典型植物如表 5-1 所示。生态治理中更关注选用植物的力学效应和水土保持效果。

表 5-1　生物群落演绎中植物特点和作用

植物种类	作用特点	典型植物
先锋植物 草类先锋植被	首先在被破坏的地方定居和繁殖，关系到治理初期水土保持和景观效果，对快速复绿十分重要，要求有较强的生命力。一般是草类，它的浅根起加筋作用。植草根系在土中盘综错结，使边坡土体成为土与草根的复合材料，草根相当于带预应力的三维加筋材料	草类，如豆科植物紫花苜蓿、毛苕子、白三叶、黑麦草、狗牙根、画眉草、高羊茅、早熟禾、波斯菊
建植植物 灌木、草灌混生植物群落——进化植被	能实现理想的生态治理防护和景观效果的植物品种。生长速度快，根系发达，能通过客土基质深入到岩石缝内，有利于长期水土保持和复绿；深入到 0.75～1.5 m 处	灌木，如紫穗槐、红花槐、黄荚槐、黑荆树、藤状三角梅、蔷薇
延生植物 小乔木 草、灌、乔立体多样性生物群落——稳定护坡植被	用以达到长久的治理和生态效果，植物根系能更深地达到岩石缝隙内，如一棵棵活锚杆对客土基质起固定作用，深根的锚固作用并影响到更深岩层，抗拉强度 $T=nD^m$，D 为树根直径，n、m 为给定树种经验常数。对于树根直径为 2～5 mm 的植物，T 为 8～80 MPa	小乔木，如银合欢、金合欢、云南松、含笑

植物种类选择及其配置是裸露山体植被重建的重要问题，是生态修复成功与否的关键。植物的种类主要根据当地的气象、地质条件、水文条件及预期恢复目标来确定。如广州位于北纬 23°6′，东经 113°18′，处于亚热带南缘，旱季和雨季比较分明，1 月份平均气温 13.2 ℃，8 月份平均气温 28.7 ℃，绝对最低温度 0 ℃，最高温度 38 ℃。年降雨量 1 638

mm,选择植物的时候应该根据这些特点,选择与之相适应的耐炎热、耐干旱、耐贫瘠、耐侵蚀的植物品种来进行裸露山体的植被生态修复。一般情况下,在进行植物种类选择的时候应该遵循以下几个原则:①选择适应性强、抗逆性好、生长快的植物。此类植物能够较快地适应当地生存环境,对恶劣环境的应变能力强,而且植物生长速度快,在快速绿化裸露山体上发挥了一定的功效。②选择具有改良土壤能力的固氮植物。③尽量选择当地优良的乡土植物和先锋植物。选择乡土植物有利于提高植物的生长率和适应性,而先锋植物可以在裸露山体绿化前期对其进行优先绿化。④由于裸露山体绿化利及千秋、福泽后代,所以在选择植物种类时不仅要考虑短期效应,更应注重中长期发展前景。

5.1.1 选用固氮植物

种植固氮植物是经济效益与生态效益俱佳的土壤基质改良方法。Bradshaw(1997)的研究表明,固氮植物每年 1 hm^2 可以固氮 50 ~ 150 kg。固氮植物可以是豆科的,也可以是非豆科的,主要包括与根瘤菌共生的植物,与弗兰克氏菌(Fankia)共生的植物和与蓝藻类共生的植物等。豆科植物共生固氮体系是自然界固氮效率很高的一个体系,该体系广泛分布于地面各处。据估计,其年固氮量约占各种生物固氮体系总量(175 005 t)的 50%,大大超过世界化工合成氨产量的总和(约 4 000 万 t),成为农业生产的主要氮源。在数世纪以前,中国和东南亚一些国家就利用红萍作为绿肥和饲料。红萍是一种水生蕨类植物,它可以与固氮蓝藻共生固氮,其固氮量可达 150 ~ 300 kg/hm^2,高的可达 450 kg/hm^2 以上。在目前已知的共生固氮体系中,它的固氮量是最高的。弗兰克氏菌是一种能与非豆科植物共生的放线菌,比根瘤菌更易生长,而且固氮酶活性高。木本双子叶植物能与其共生结瘤固氮,该固氮体系固氮持续时间长,固氮量在 45 ~ 150 kg/hm^2。现已知能与弗兰克氏菌结瘤的植物分布在 7 目 8 个科 24 个属中,其种类多,抗逆性强,在农业和水土保持中具有广阔的应用前景。

5.1.2 选用先锋植物

先锋植物是指在严重缺乏土壤和水分的石漠化地区能够正常生长并起到带头绿化的植物,其具备极其顽强的生命力,因此人们称其为“极地先行者”。原生裸地上植物群落的形成与演替是一个由先锋植物种类入侵、定居、群聚、竞争的过程。先锋植物种类凭其种群优势影响后入侵者的定居与生长发育,它往往决定裸地最初形成的群落类型 。因此,裸露山体的植被恢复可以采用人工方法,利用当地先锋植物来建立裸露山体早期植物群落,对裸石进行快速绿化,通过养护管理,逐渐向目标植物群落过渡,最终形成一个稳定、高效的能够自我更新演进的生态环境。一般情况下,先锋植物具备以下几个特点。

(1)喜钙性:石漠化地区的土壤自然肥力低,对植物营养元素供应不足,土壤以富钙和偏碱性为特征,喜钙植物能够适应这样的生长环境,可以茁壮成长。

(2)旱生性:石漠化地区尤其是裸露的山体,其水分含量非常低,植物要在如此恶劣的生长环境中长期生存就必须能够适应干旱的生存环境,再经过长时间的适应而使其生理特征发生相应的改变。

(3)岩生性:这些植物可以生长在岩石上,根系发达,可以深深扎进岩石,并穿过岩石的缝隙吸取水分和营养。

(4)喜阳性:先锋植物一般都是阳性植物,喜欢阳光充足的地方,通过光合作用和呼吸作用能够不断地改善生长基的质量和周边的环境,为其他物种的入侵创造条件,促进植物群落的演替。

经过研究,科学家发现了一批既能在石漠化地区顽强生长又具有经济价值的"先锋植物",如花椒、香椿、火棘、杜仲、构树、忍冬、柏木和麻风树等。这些植物已经在中国石漠化最为严重的贵州省的一些地区试种成功,并取得了明显的生态、经济效益。

5.1.3 选用乡土植物为主

乡土树种在提高生态效益中发挥着重要的作用。近年来,广东地区的生态环境虽然得到了一定的恢复,但与原生植被的自然环境相差仍然比较大,有必要进行人为的生态建设。生态建设是指最大限度地发挥生态功能与效益的工程建设,主要内容有"三废"治理、生态环境的恢复与重建,即重点以恢复原生植被达到恢复自然生态系统为目的的工程建设。

KettunenA 等(2000)指出,在植被生态重建工程中是否引进外来植物仍然是一个颇具争议的问题。一般情况下,在植被生态重建中都会选用适生的乡土树种,尽可能地少选或者不选外来植物,因为无论是从恢复生态学还是从生物安全的角度来看,乡土树种是最有优势也是最符合保护生物群落和恢复生态学原理的,它们经过漫长的进化过程,已经适应当地的自然环境,是与当地自然环境协同进化的产物,在种植绿化过程中基本没有生物安全问题,也不会产生人工痕迹,而且通过科学的养护管理工作可以使之形成自然现象,恢复大自然的优美景观。然而,在实践过程中,有时候为了见效快选择一些外来适生植物也是一种常见的办法,但外来树种往往存在着结构不稳定、天然更新能力差、色彩不明显、易受病虫害毁坏、长期的生态效益不够理想等缺点,所以最终要恢复和重建的植物应该是乡土树种。

5.2 生物多样性原理

成功的生态恢复需要了解组成物种的生态特征及它们是如何组合、相互作用的(Bradshaw,1987; Pywell 和 Putwain, 1996)。无生命和有生命的因素在植物群落发展的各阶段都是关键的。应根据我们对这些影响植物建植的效果因素的理解来制定恢复策略(Munn Harrington 和 McGirr, 1987; Smith Redente 和 Hooper,1987; Tucker,Berg 和 Gentz, 1987; Pyke 和 Archer,1990)。为了避免不适当的短期恢复,恢复策略必须与长期的生态系统恢复目标相平衡(Holl,2002)。以多样的植物群落为结果的恢复比起一个或者几个植物种群落为结果的恢复更能够支持、培养生态系统的抗逆性(Myers, 1996)。许多研究表明，生物多样性的恢复是实现矿区生态健康和可持续发展的重要指标。物种多样性能驱动退化生态系统及其植被的恢复和重建，物种多样性的增加有利于植被和生态系统的恢复和稳定以及群落生态功能的恢复。丰富的生物多样性能促进生态系统食物链的复杂与稳定，增加生物多样性无疑应是废弃地生态恢复的一个目标。生物多样性主要是指各种生命形式的资源，它包含各种的动植物、微生物以及每个物种的基因，主要分为遗传多样性、物种多样性、生态系统多样性三个层次。生物群落是在一定地理区域内，生活在同一环境下的不同种群的集合体，其内部存在着极为复杂的相互联系。群落多样性就是指生物群落在组成、结构、功能和动态方面表现出的丰富多彩的差异，是群落生物组成结构的重要指标，它不仅可以反映群落组织化水平，而且可以通过结构与功能的关系间接反映群落功能的特征。生态治理中选用的植物形式要多种多样，包括遗传多样性、物种多样性、生态系统和景观的多样性等。

生态系统的多样性越高，生态系统抗逆性越强，利用光、水、热能效率越高，生物质积累速度越快，生态系统越稳定。因此，生态治理中植物组合和优化配置对生态治理效果非常重要。生态治理中植物组合配置原则见表5-2。

表5-2　生态治理中植物组合配置原则

植物组合	特点
豆科和非豆科	豆科植物具有根瘤菌，有固氮功能，可把空气中的 N_2 转化成为植物可吸收的氮素营养，可不断提供氮素营养
深根和浅根	两种植物组合，形成根群立体分布，吸收养分面积大，对基体固定能力强，水土保持效果好
草本和木本	草本植物复绿快，短期效果好，但易退化，木本植物前期生长慢，但长期复绿效果好
先锋、建植、延生种	先锋种保证前期复绿效果，建植种和延生种保证中长期生态治理效果
乔、灌、草立体	可多层次利用水、光、热资源，生物质积累速度快，可有效阻截雨水对基体的直接冲击，减少水土流失
冷季型和暖季型结合	冷季型植物冬季绿化效果好，暖季型植物夏季绿化效果好，二者结合可确保全年绿化效果

5.3　主要乔木、灌木、草种、藤本品种简介

生态治理前要对当地土壤、气候等生态因子进行调研，在此基础上选择当地物种或适宜当地环境的外来物种。

我国幅员辽阔，各地气候、地质、土壤等生态因子千差万别，南方生态治理中应用的主要物种见表5-3，相应植物图片见书后彩图。

表 5-3　南方生态治理中主要应用物种

一、常绿植物

品名	科名	种子（万粒/kg）	发芽率（%）	植物图片	特性及用途
台湾相思 *Acacia richii*	含羞草科	3.2～4	70	彩图 1	常绿速生乔木，耐干旱，也耐水湿，耐－8 ℃低温，耐高温酷暑
银合欢 *Leucaena leucocephala*	含羞草科	2.8～3.3	80	彩图 2	常绿速生灌木或小乔木，耐干旱瘠薄，抗炎热，忌霜冻
侧柏 *Platycladus orientalis*	柏科	约 4.5	70	彩图 3	常绿速生乔木，耐干旱瘠薄，耐－35 ℃低温，也耐高温，不择土壤，根系发达，萌芽性强
柏木 *Cupressus funebris*	柏科	25～33	18	彩图 4	常绿速生乔木，尤耐干旱瘠薄，适应性强，极性发达，侧根可伸入岩石缝隙间吸取养分，保持水土功能强，耐旱也更耐高温
车桑子 *Dodonaea viscosa*	无患子科	3.3～4	40	彩图 5	常绿速生灌木，耐干旱瘠薄，适应性强，忌霜冻
滨柃 *Eurya emarginata*	山茶科	1～1.1	80	彩图 6	常绿灌木，极耐干旱瘠薄，根系发达，其根可有效吸附在岩石上及石缝间。较耐寒也耐高温，适应性强。且种子自我繁殖能力强，发芽率高
火棘 *Pyracantha fortuneana*	蔷薇科	48～50	70	彩图 7	常绿速生灌木或小乔木，极耐干旱瘠薄，适应性广，不择土壤，耐高温，又耐－17 ℃严寒。根系发达，其根可伸入石缝间吸收养分，固土护坡功能强。且初夏白花如雪，秋冬春均为红果累累
石楠 *Photinia serrulata*	蔷薇科	18～20	80	彩图 8	常绿灌木或小乔木。耐干旱瘠薄，其根可伸入石缝间吸收养分，耐高温，也耐－15 ℃严寒，且景观效果佳，春、秋红叶
小蜡 *Ligustrum sinese*	木犀科	约 2.8	14	彩图 9	常绿或半常绿灌木，耐干旱瘠薄，耐寒性强，更可长期抗夏季高温和强光，喜生石山坡地

续表 5-3

品名	科名	种子（万粒/kg）	发芽率（%）	植物图片	特性及用途
金丝桃 *Hypericum monogynum*	金丝桃科	2～2.5	90	彩图 10	常绿或半常绿灌木。耐干旱瘠薄，耐寒地，更耐高温。适宜黄河以南地区
桃金娘 *Rhodomvrtus tomentosa*	桃金娘科	9～11	40	彩图 11	常绿速生灌木，耐干旱瘠薄，抗逆性强，花两性，玫瑰红色，花期达 2 个多月。播前宜用温细沙或吸水纸层积催芽。适生南方。每平方米播 3～10 g
野牡丹 *Melastoma candidum*	野牡丹科	2 万粒/g	20	彩图 12	常绿速生灌木，耐干旱瘠薄，生长旺，繁殖快，不耐寒，适生南方
五色梅 *Lantana camara*	马鞭草科	1.2 万粒/g	60	彩图 13	常绿小灌木，耐干旱瘠薄，不择土壤，喜高温高湿气候。花色多变，花期 4～11 月，忌霜冻
龙船花 *Ixora chinensis*	茜草科	2.2～2.5	60	彩图 14	常绿小灌木，耐干旱，喜高温高湿气候，花冠红色，花期 3～11 月，忌霜冻，每平方米播 8 g
伞房决明 *Casin tora*	苏木科	4.5～5.4	70	彩图 15	常绿速生灌木，耐干旱，耐寒，也耐高温，适应性强，种子易发芽
木豆 *Semen cajani*	蝶形花科	1.1～1.3	80	彩图 16	常绿或半常绿灌木，速生，耐干旱瘠薄，喜肥土，忌霜冻
山毛豆 *Tephrosia candida*	蝶形花科	3.6～4.2	80	彩图 17	常绿灌木。速生，较耐干旱，忌霜冻
海桐 *Pittosporum tobira*	海桐科	2.2～4.2	75	彩图 18	常绿灌木或小乔木，耐干旱瘠薄，耐严寒，更耐高温酷暑，喜肥土

续表 5-3

品名	科名	种子（万粒/kg）	发芽率（%）	植物图片	特性及用途
沙冬青 *Ammopiptanthus mongolicus*	蝶形花科	2.2～2.5	85	彩图 19	常绿速生灌木，耐严寒，极耐干旱瘠薄，适宜北方干旱丘陵山地
胡颓子 *Elaeagnus pungens*	胡颓子科	1～1.5	80	彩图 20	常绿速生灌木，抗寒，耐 －8 ℃低温，耐高温酷暑，极耐干旱瘠薄，但种子不易发芽，需进行层积处理
金樱子 *Rosa laevigata*	蔷薇科	5.3～5.9	70	彩图 21	常绿灌木。适应性强，极耐干旱瘠薄，不择土壤，耐严寒也耐高温。山岩石隙都能正常生长，种子易发芽，管理粗放

二、落叶植物

品名	科名	种子（万粒/kg）	发芽率（%）	植物图片	特性及用途
多花木兰 *Indigofera amblyatha*	蝶形花科	约 14	80	彩图 22	速生落叶灌木，适应性强，不择土壤，耐干旱瘠薄，耐高温也耐严寒，根系发达，固土性强，适生全国各地
马棘 *Indigofera pseudotinctoria*	蝶形花科	约 15	80	彩图 23	速生落叶灌木，抗干旱，耐贫瘠，耐严寒抗高温，不择土壤，根系发达，固土功能强，适生全国各地
胡枝子 *Lespedeza bicolor*	蝶形花科	10～12	75	彩图 24	速生落叶灌木，耐干旱瘠薄，不择土壤，耐严寒抗高温，根系发达，萌芽性强，水土保持功能强，适生全国各地
紫穗槐 *Amorpha fruticosa*	蝶形花科	8～10.6	70	彩图 25	速生落叶灌木，耐干旱瘠薄，不择土壤，适应性强，极耐干冷、高温气候，适生全国各地
刺槐 *Robinia pseudoacacia*	蝶形花科	4.6～5.6	70	彩图 26	速生落叶乔木，干旱地长成灌木状，极耐干旱瘠薄，不择土壤，根系发达，水土保持功能很强
栾树 *Koelreuteria paniculata*	无患子科	0.7～0.8	80	彩图 27	速生落叶乔木，根耐干旱瘠薄，抗严寒更抗高温酷暑，适应性强，不择土壤

续表 5-3

品名	科名	种子（万粒/kg）	发芽率（%）	植物图片	特性及用途
荆条 *Vitex negundo* var. *heterophylla*	马鞭草科	9 ~ 11	50	彩图 28	速生落叶灌木，耐干旱瘠薄，不择土壤，抗严寒耐高温，适生全国各地
金雀儿 *Cytisus scoparius*	蝶形花科	27.8 g/千粒	60	彩图 29	速生落叶灌木，极耐干旱瘠薄，耐严寒，抗性强，根系发达，固土功能强
白刺 *Nitraria sibirica*	蒺藜科	2.5 ~ 2.9	70	彩图 30	为匍匐灌木，耐干旱瘠薄，适应性极强，抗严寒冰冻，也抗高温风沙，固土护坡功能极强
沙棘 *Hippophae rhamnoides*	胡颓子科	9 ~ 12	90	彩图 31	落叶直立灌木或小乔木，耐干旱瘠薄，耐严寒，抗高温，根系发达，水土保持功能极强
小檗 *Berberis thunbergii*	小檗科	7 ~ 8	60	彩图 32	落叶灌木，耐严寒，耐干旱，不择土壤，极耐寒冷干燥气候
连翘 *Forsvthia suspensa*	木犀科	4.3 ~ 5.3	80	彩图 33	速生落叶灌木，耐干旱瘠薄，不择土壤，耐严寒，不耐高温，根系发达，固土性强
盐肤木 *Rhus chinensis*	漆树科	11 ~ 13	50	彩图 34	均为落叶灌木或小乔木，耐干旱瘠薄，不择土壤，耐严寒，也耐高温，生长快，根系发达，萌芽力极强
火炬树 *Rhus typhina*	漆树科	8 ~ 9	70	彩图 35	
黄栌 *Cotinus coggygria*	漆树科	6.8 ~ 9	60	彩图 36	速生落叶灌木或小乔木，耐干旱瘠薄，耐寒性强，但不耐高温

续表 5-3

品名	科名	种子（万粒/kg）	发芽率（%）	植物图片	特性及用途
爬墙虎 *Parthenocissus tricuspidata*	葡萄科	约 4	60	彩图 37	落叶藤本，耐干旱贫瘠，不择土壤，适应性强，耐 -25 ℃严寒，也耐高温强光
葛藤 *Pueraria lobata*	豆科	6.5 ~ 8	15	彩图 38	速生落叶藤本，极耐干旱瘠薄，陡壁石砾及河滩均能正常生长，根系发达，萌芽力强，固土性极强，为边坡水土保持优良品种
矮紫薇 *Lagerstromia indica*	千屈菜科	50 ~ 70	80	彩图 39	落叶灌木，植株低矮紧凑，开花早，花期 5 ~ 10 月，花色有粉红、紫红、白等。耐寒耐热，也耐干旱瘠薄，根系发达，管理粗放。种子春、夏、秋三季均可播种，发芽率高，10 天后可出苗
大叶醉鱼草 *Buddleia davidii*	醉鱼草科	7 ~ 11 粒/g	40	彩图 40	速生落叶灌木，耐严寒，抗高温，耐干旱瘠薄，花色紫、红，花期为 6 ~ 8 月，适生全国各地，且种子易发芽，出苗快

三、草本植物

二月兰 *Orychophragmus violaceus*	十字花科	约 40	80	彩图 41	一年生草本，较耐干旱，更耐阴，耐寒性强，北方常绿，能保持到 12 月，到 3 月即可返青，4 月即可鲜花盛开。对土壤要求不严，生长快，自播繁衍能力强。为良好的边坡地被植物，且发芽率高
马兰 *Kalimeris indica* (Linn.) Sch.	菊科	3.8 ~ 4	70	彩图 42	多年生草本，南方常绿，北方冬季不绿，抗逆性强，极耐干旱瘠薄，耐高寒气候，也耐炎热，根系发达，固土能力强，可自行更新繁殖
波斯菊 *Cosmos bipinnatus*	菊科	1.4 ~ 3	70	彩图 43	一年生草本，红、白花朵秀美，自春至秋，花期络绎不绝。耐寒性强，但不耐高温，其自播繁衍能力强。适生北方
金鸡菊 *Coreopsis basalis*	菊科	约 35	60	彩图 44	一年生草本，耐寒耐热，耐干旱瘠薄，不择土壤，生长粗放，适用边坡、路旁、矿山复绿工程，且发芽快

续表 5-3

品名	科名	种子（万粒/kg）	发芽率（%）	植物图片	特性及用途
小冠花 *Coronilla varia* L.	蝶形花科	约 24	80	彩图 45	多年生草本，常绿，抗干旱瘠薄，不择土壤，抗耐寒，为优良冷季型草种，且发芽率高
石竹 *Dianthus chinensis* L.	石竹科		70	彩图 46	常绿草本，极耐干旱瘠薄，在 -15 ℃内可保持常绿，但不耐高温，不适南方，为北方“三季有花，四季常绿”的优良草花
紫花地丁 *Viola philippica* Car.	堇菜科	约 70	70	彩图 47	耐干旱贫瘠，对土壤要求不严，耐寒性强，返青早，花期早，地面覆盖效果好，且自播繁衍能力强
酸模 *Rumex acetosa* Linn.	蓼科	3 g/千粒	70	彩图 48	多年生草本，耐干旱瘠薄，耐寒性强，固沙性强，生长快，为优良固堤治沙植物
百脉根 *Lotus cornioulatus* L.	蝶形花科	1.2 g/千粒	70	彩图 49	适应性广，抗旱性、抗寒性强，也耐热，耐瘠薄土壤，为固土防冲的优良护坡植物
百喜草 *Paspalum natatum*	禾本科	约 54	70	彩图 50	极耐干旱，适应性广，耐热也耐涝，不择土壤，再生力强，覆盖率高，为南方优良护坡草种
狼尾草 *Pennisetum alopecuroides*	禾本科	2.5 g/千粒	50	彩图 51	多年生草本，耐旱耐湿，抗寒性强，耐 -20 ℃，耐干旱贫瘠土壤，适应性强，萌芽力强，播种繁殖生长快，为护坡护堤保持水土的优良地被植物
高羊茅 *Festuca arundinacea*	禾本科	25～35 g/千粒	65	彩图 52	多年生草本，抗 -15 ℃严寒，抗干旱贫瘠，耐 38 ℃高温，适应性强，不择土壤，返青早，秋季枯黄晚，适应全国各地
狗牙根 *Cynodon dactylon* L.	禾本科	0.26 g/千粒	65	彩图 53	多年生草本，喜光，也较耐阴，耐寒，也耐高温，耐干旱，喜干燥肥土，适生黄河以南各省

续表 5-3

品名	科名	种子（万粒/kg）	发芽率（%）	植物图片	特性及用途
白三叶 *Trifolium repens* Linn.	蝶形花科	0.5～0.7 g/千粒	65	彩图 54	多年生草本，耐干旱贫瘠，不择土壤，耐热，耐寒性较其他三叶草强
多年生黑麦草 *Loliumper-enne* L.	禾本科	1.5～1.8 g/千粒	70	彩图 55	喜温暖、潮湿气候，在冬无严寒、夏无酷暑地区生长良好，适生长江流域以南及云贵高原地区
紫花苜蓿 *Medicago sativa* L.	蝶形花科	2.3 g/千粒	70	彩图 56	多年生草本，喜温暖半干旱气候，高温高湿生长不利，抗旱力极强，不择土壤
野菊 *Dendranth-ema indicum*	菊科		70	彩图 57	多年生草本，耐干旱瘠薄，耐严寒，也耐高温，不择土壤，适生全国各地
糖蜜草 *Melinis minutiflora*	禾本科	0.07 g/千粒	70	彩图 58	多年生草本，抗旱性极强，在旱季长达 4～5 个月仍能继续生长，耐瘠薄，在灰岩赤红壤、花岗岩黄壤等各种干旱土壤上种植良好，忌霜冻。种子发芽快，长势旺，覆盖力极强，为治理水土流失的先锋牧草
类芦 *Neyraudia reynaudiana*	禾本科	约 11	70	彩图 59	多年生草本，具木质根状茎，须根粗而坚硬。喜排水良好的沙质土壤，常生于坡地灌木丛、草地、林带边缘及路边。对土壤适应性强，即使在海边含盐量较高的土壤中也能生长繁茂。生长旺盛，生长量高，地下部分根系发达，能形成强大的根网，覆盖度大，草层稳定，四季常绿，生长均一，能形成致密草被景观。具备较强的抗逆性，能在严酷环境下生长，具有极高固土护坡和景观价值，对恢复裸露边坡效果极佳，是应用价值极高的固土护坡植物

5.4　裸露山体生态恢复技术的植物配置实例

5.4.1　喷播植物配置

喷播植物配置一般采用灌、草、藤结合的方式。例如，深圳富源裸露山体采用的植物有银合欢(*Leucaena leucocephala*)、木豆(*Semen cajani*)、葛藤(*Pueraria lobata*)以及五爪金龙(*Ipomoea cairica*);金洲二裸露山体的植物有银合欢(*Leucaena leucocephala*)、勒杜鹃(*Bougainvillea spectabilis*)、香根草(*Vetiveria zizanioides*)和薇甘菊(*Mikania micrantha*)。两个裸露山体的植物配置都采用灌、草、藤结合的方式。红岭二裸露山体采用的是单纯的类芦(*Neyraudia reynaudiana*)。

5.4.2 种植槽植物配置

种植槽植物配置一般采用灌、草、藤结合的方式。例如,大井裸露山体板槽内的植物主要有银合欢、勒仔树,还有上爬藤本植物(如爬山虎、葛藤等)以及下援藤本植物(如蟛蜞菊等)。广州裸露山体采用的也是板槽式复绿整治方式,植物配置采用灌、草、藤结合的方式。板槽内的灌木有银合欢、大红花、野菊花、五色梅、木豆、勒杜鹃;藤本植物有爬山虎、葛藤、五爪金龙、蟛蜞菊、薜荔;草本有类芦。而金洲二裸露山体采用的是板槽式和挂网法结合的复绿整治方式。其板槽内配置的植物有大红花、勒杜鹃,草本植物有类芦(*Neyraudia reynaudiana*);红岭二裸露山体板槽内只种植了类芦;东井裸露山体只种有象草(*Penniestum purpureum*)和类芦(*Neyraudia reynaudiana*)两种草本。

5.4.3 燕巢式植物配置

华南地区裸露山体燕巢内配置的植物主要有桉树、银合欢、勒仔树、勒杜鹃、葛藤、五色梅、五爪金龙和爬山虎。植物配置采用乔、灌、草、藤结合的方式。

5.4.4 台阶式植物配置

华南地区有些裸露山体采用的是台阶式和板槽式结合的复绿整治方式。台阶的平台高差 10 m 左右,平台宽 3 ~ 4 m,植物配置采用乔、灌、草、藤结合的方式。平台上的乔木有桉树和细叶榕;灌木有勒仔树、大红花、翅荚黄槐、木豆;蟛蜞菊作为地被植物,爬山虎沿石壁向上生长,而葛藤和五爪金龙则缠绕爬山虎向上爬,还有少量桂叶老鸦嘴附着石壁生长。其中草本植物有大量野生的类芦。

5.5 种子处理技术

种子处理是边坡喷播绿化的一个重要环节,这对于一些难以发芽的植物种子尤其必要,特别是在灌草植物种子混播时为提高灌木种子的发芽率和发芽势,实现苗齐苗壮,常需要进行种子处理。

5.5.1 标准发芽试验程序

5.5.1.1 试样分取

净种子充分混匀后,不论种子大小,随机分取 400 粒种子,通常每一重复 100 粒,4 次重复。大种子可分取 200 粒，每次 50 粒，4 次重复。数取种子的方法有传统计数法、数种板法和真空数种器法 3 种类型。

5.5.1.2　**选用发芽床及种子置床**

根据规程，选用适合于各种牧草的发芽床，之后用人工或数种器将种子置于发芽床上。置床时每粒种子在发芽床上应保持足够的距离，以尽量减少相邻种子对种苗发育的影响和病菌的互相感染，并要求注水一致，使种子吸水良好，发芽整齐。

5.5.1.3　**发芽器皿贴签**

在发芽器皿底盘的侧面贴上标签，注明置床日期、样品编号、种名或品种名、重复次数等，然后在发芽器上盖或套一塑料薄膜袋。

5.5.1.4　**置箱培养与管理**

按规程要求将发芽箱调至发芽所需温度，将置床后的培养皿放进发芽箱的网架上进行恒温或变温发芽，当规定用变温时，通常保持低温 16 小时。根据需要调节光照条件。

种子发芽期间，每天检查发芽试验的情况，以保证适宜的发芽条件。发芽床始终保持湿润，不断加入水。温度保持在所需温度的 ±1 ℃范围。如发现霉菌滋生，应及时取出霉种子并洗涤去霉菌。

5.5.1.5　**观察记录**

整个发芽试验期间至少应观察记录两次，即首次计数和末次计数。末次计数在 7 天以上时，应增加中间计数次数，隔天或每隔两天计数一次，直至末次计数为止。初次计数和中间计数时，将符合规程标准的正常种苗、明显死亡的软腐烂种子取出并分别记录其数目，而未达到正常发芽标准的种苗、畸形种苗和未发芽的种子留在原发芽床或更换发芽床后继续发芽。末次计数时分别记录所有正常种苗、不正常种苗、硬实种子、新鲜未发芽种子和死种子数。

5.5.1.6　**重新试验**

当试验结束后，如果怀疑种子存在休眠（新鲜种子较多）、种子中毒或病菌感染而导致结果不可靠，对种苗的正确评定发生困难或发现试验条件、种苗评定或计数有差错，以及试验结果超过容许误差时，应用相同方法或选用另一种方法进行重新试验。

5.5.1.7　**结果计算**

试验结束后首先计算每一重复各次计数的正常种苗之和，之后计算正常种苗、不正常种苗 、硬实种子、新鲜未发芽种子占供试种子的百分率。其中正常种苗的百分率为发芽率。

$$发芽率(\%)=(发芽终期全部正常种苗数/供试种子数)\times 100$$

然后计算 4 次重复的平均数，计算至整数位。如果 4 次重复之间均未超出最大容许误差（见表 5-4），则结果是可靠的；如超出最大容许误差，则进行再次试验。如果两次试验的结果一致（未超出表 5-5 的最大容许误差），则将两次试验结果平均数填报在报告单上，如果两次试验的结果不一致，则应用同样方法进行第三次试验，并填报相符合的两次结果的平均数。

表 5-4　发芽试验重复间最大容许误差(两尾检验 2.5% 显著水平)

平均发芽率		最大误差
51～99	2～50	
99	2	5
98	3	6
97	4	7
96	5	8
95	6	9
93～94	7～8	10
91～92	9～10	11
89～90	11～12	12
87～88	13～14	13
84～86	15～17	14
81～83	18～20	15
78～80	21～23	16
73～77	24～28	17
67～72	29～34	18
56～66	35～45	19
51～55	46～50	20

表 5-5　发芽试验两次试验的容许误差(两尾检验 2.5% 显著差异)

平均发芽百分率		容许误差
98～99	2～3	2
95～97	4～6	3
91～94	7～10	4
85～90	11～16	5
77～84	17～24	6
60～76	25～41	7
51～59	42～50	8

5.5.2　促进种子发芽的处理方法

由于有些牧草种子存在着生理休眠、硬实性、抑制物质,在发芽试验末期,还留有相当数量的硬实或新鲜未发芽的种子,可采用一种处理或一个组合处理后再重新进行试验,得到比较完全的发芽。预先处理的时间不包括在发芽试验时间内。预先处理方法和持续时间应填报在检验证书上。

5.5.2.1 破除生理休眠的方法

(1)预先冷冻。在发芽试验之前,将置床后各重复的种子湿润,开始在低温下保持一段时间,通常在5～10 ℃保持7天时间。

(2)预先加热。将发芽试验的各重复种子放在30～50 ℃(或40 ℃)温度下加热处理,在空气流通条件下,加热7天,然后移至规定发芽条件下发芽。

(3)光照。当种子在变温条件下发芽时,每天24小时周期内,至少有8小时于高温光照条件下,光照强度为750～1 250 lx的冷白荧光灯。

(4)硝酸钾(KNO_3)。发芽床可用0.2%的硝酸钾溶液湿润。在发芽试验开始时一次用硝酸钾溶液浸透发芽床,以后加水时应用蒸馏水。

(5)赤霉酸(GA_3)。常用0.05%的赤霉酸溶液湿润发芽床。当休眠较浅时,用0.02%的浓度已足够;当休眠很深时,须用0.1%浓度。赤霉酸预处理常用于燕麦属(*Avena*)、大麦属(*Hordeum*)、黑麦属(*Secale*)、小黑麦属(*Tritiosecale*)和小麦属(*Triticum*)的牧草和作物种子。

(6)聚乙烯袋密封。当发芽试验结束时,仍发现有很高比例的新鲜未发芽种子,如三叶草属(*Trifolium*),将种子密封在聚乙烯袋中重新试验,常可诱导发芽。

5.5.2.2 破除硬实的方法

对存在硬实的牧草种子,不必使其发芽,只需填报硬实率。如要求完善的发芽结果,必须进行处理。处理可在发芽试验开始时进行,但为了避免这种处理对非硬实种子产生不良影响,可在试验结束后,对剩下的硬实种子进行处理。

(1)浸种。将带有坚硬种皮的种子放在水中浸泡14～48 h后进行发芽试验。有些种需要在沸水中浸泡,直至冷却。

(2)机械损伤。小心地把种皮刺穿、削破、锉伤或用砂纸摩擦,机械划破的最佳部位是靠近子叶顶端的种皮部分。

(3)酸液腐蚀。有些牧草硬实种子须放在浓硫酸中以腐蚀其种皮。

第6章 裸露山体生态修复养护技术

养护技术应用对于裸露山体植被恢复效果关系重大，养护管理包括喷水养护、追施肥料、病虫害防治、防除有害草种与培土补植。

(1)喷水养护。

微灌系统设置采用移动喷灌设施，根据植物需水情况，直接喷灌；或在坡顶修筑蓄水池，汇集雨水，并用动力设备从坡脚输送补充水，利用坡顶水池自流，采用喷头方式进行喷灌。彩图60为广东江门莲花山裸露山体（采用节水微灌系统）。

喷水养护分前、中、后期水分管理，前期喷灌水养护为60天，播后第一次浇透水，以后根据天气情况，第一个月每天浇水1~2次，第二个月每隔3~5天浇水一次，以保持土壤湿润。中期依靠自然降水，若遇干旱，每月喷水2~3次。后期喷水频率和水量以使土壤保持湿润为宜。

喷水时水量不宜太大，以免冲走土壤、种子和幼苗。要求草本、地被喷水深15~20 cm；灌木深30~50 cm；乔木视种类、冠幅而定，50~100 cm不等。

(2)追施肥料。

所有植物在种植前，结合换土或深翻，都应预先施入基肥，现多以复合肥为主。基肥深度视植物种类而定，以肥料不与根系直接接触为准，通常草坪10 cm，地被15~20 cm，灌木与乔木实行穴施，深度根据范围与树龄、树种及根系发达程度确定。

对复绿要求高的边坡，为满足植物正常生长，必须在齐苗后追肥。追肥分春肥（3~4月）和冬肥（10~11月）两次，每次追施复合肥30~50 g/m^2，可结合浇水作业或干施后浇水。另外，可依实际情况进行叶面追肥。

(3)病虫害防治。防治病虫害应掌握“治早、治小、治了”的原则。防病害可用50%多菌灵可湿性粉剂1 000倍液，甲基托布津800~1 000倍液等；防虫害一般可用敌百虫800倍液，氧化乐果、三氯杀虫螨1 000~1 500倍液等高效低毒农药。可防治乔灌草的立枯病、叶斑病、霜霉病、根腐病及小令夜蛾、刺蛾、蚜虫、钻心虫、尺蠖等多种病虫害。

(4)防除有害草种。当杂草种子高出主草丛时，可人工拔除。

(5)培土补植。对坡度大、土壤易受冲刷的坡面，暴雨后要认真检查，尽快恢复原来平整的坡面，培土后要压实以保证根系与土壤紧密结合。

由于干旱、雨水冲刷等客观原因，导致部分植物死亡，应及时补植。补植的苗木或草皮，要求在高度（为栽植后高度）、粗度或株丛数等方面与周围正常生长的植株一致，以保证绿化的整齐性。苗木栽植后将根系周围土壤踩实，覆土超过原土2~3 cm，浇透水并经常注意观察生长情况。

第7章 裸露山体生态治理安全文明施工

7.1 裸露山体生态治理安全施工

7.1.1 清危石、开施工便道作业安全保证措施

7.1.1.1 一般规定

进入施工现场必须戴安全帽，穿防滑鞋，不允许穿拖鞋上工。悬空高处作业人员扣牢安全带。安全带绑在牢固的物体上，每天上班都要检查。每天上、下班都要检查人数，上报给安全专员。高处作业的工具每次下班都要拿下来，配工具背袋。身体、精神状态不佳者应主动上报，不准带病上坡作业。工人严禁酒后上工。

7.1.1.2 临边作业

工作边沿无维护设施，必须设置防护设施。开施工便道作业，应扣牢安全带或有其他安全保护措施。在作业中要集中精神，严禁嬉戏要闹。

7.1.1.3 悬空作业

在坡面上进行高处作业时要找到牢靠的立足处。坡面排危石，决不允许上下交叉方向上的作业，必须同一水平面作业。坡面作业要互相配合、互相监督，作业中要集中精神，严禁嬉戏要闹。

7.1.2 飘台种植槽施工安全技术

7.1.2.1 劳保安全技术规定

(1)上坡前，必须自我检查安全帽、安全带、自锁器，如果坏了必须重换方可上坡作业。

(2)坡上作业必须戴好安全帽、安全带及劳保手套，系紧防滑鞋。

(3)安全带扣在牢固的安全绳上。

7.1.2.2 安装飘板过程安全技术

(1)施工前应向全体作业人员按施工组织设计规定，进行岗位分工和岗位交底，使全体人员都清楚作业要求。

(2)作业必须有统一指挥人员；作业区应设置警告标志，并设专人监护。

(3)身体、精神状态不佳者应主动上报，不准带病上坡作业。

(4)坡面上进行钻孔前必须把安全带扣在牢固的脚手架上，脚踏在牢固的脚手架上；进行钻孔时，与坡面成45°角，注意碎石的飞溅方向。

(5)坡面上安装飘板时要找到牢靠的立足点，决不允许上下交叉的作业，必须同一水平面作业；传送飘板时要到位，不能在脚手架上堆放材料。

（6）安装飘板的下方不能有人员；脚手架踏排上不能同时站立三人以上，以免造成塌桥；脚手架踏排上不能同时放三块飘板，以免超出脚手架承重负荷。

（7）坡面作业中要集中精神，严禁嬉戏耍闹。

7.1.3 搭设脚手架安全技术措施

7.1.3.1 脚手架搭设施工安全注意事项

（1）搭设人员应持证上岗，上岗前先进行施工技术交底及施工安全教育；作业人员必须熟练掌握本工种的安全操作技术，操作过程中应严格遵守劳动纪律，服从领导和安全检查人员的指挥，且工作时应思想集中和精心操作。

（2）脚手架立杆、横杆、支撑杆等材料选择由专人负责，选取优质材料，以确保脚手架搭设质量达到安全稳固。

7.1.3.2 脚手架搭设安全措施

（1）做好安全帽、安全带、安全绳安全性能检查工作。

（2）按规范戴好安全帽、安全带、安全扣，下坡面时扣好安全扣。

（3）穿好防滑鞋，在坡顶走动时，小心慢行，脚踏实地。

（4）坡面搭设前，先检查坡面是否排清了危石。

（5）坡面搭设时，做到“先看后搭”，注意材料方向，尽量不要碰到坡面的石头；注意下方是否存在人、物，存在交叉作业。

（6）坡面移动或搬动材料时，应先确保自己坐稳或站稳，另外安全带应扣在稳固的物体上。

（7）卷扬机运输材料时，注意是否会碰到脚手架的完成面。

（8）加固后，方可进一步搭设；应随时检查脚手架是否绑扎紧密，否则应及时修复加固，及时发现问题，及时修复加固。

（9）严禁任意拆除杆件和危及脚手架的作业。

7.1.3.3 脚手架上施工安全注意事项

（1）脚手架搭设完成后，经施工项目部组织安全负责人及其搭设人员联合检验合格后才能使用。

（2）脚手架使用过程，每个裸露山体必须留 3 名搭棚师傅配合安全负责人巡查脚手架的变化情况，发现问题及时处理或加固。

（3）每天开工前，由搭棚师傅或安全负责人先检查，无异常情况可以继续施工；否则应加固处理后，才允许上架施工。

（4）每逢大雨、风暴天气过后，脚手架必须经过认真检查、加固后方可使用。

（5）严禁边搭设脚手架边施工和上、下分层作业的现象。若为追赶工期，可以分段错开作业，但必须确保安全。

（6）脚手架上作业，严禁超荷施工，控制标准值在 3 kN/m^2 以内。加强工人自我保护安全意识，不准随意拆动架上的每一杆件。如确实影响操作，必须由搭棚师傅处理。

（7）工人安全用具的穿戴和检查跟清危石时同一标准。

（8）上到脚手架时，工人身上的安全绳必须与脚手架或其他稳固后才能开始施工。

(9)脚手架上堆放的临时用具或材料要放好，并做到人走物走，禁止人离开时仍有材料、物品遗留在脚手架上，脚手架上往下传送物品时，要先与地面监督人员联系，确定安全后才能进行。

(10)脚手架上施工时，垂直方向的人员要错开，防止物品坠落伤人，并随时检查脚手架的稳固情况。上脚手架施工人员不得酒后开工，脚手架上禁止抽烟或燃明火。

7.1.3.4 脚手架拆除安全注意事项

(1)拆除脚手架之前，班组成员要明确分工，统一指挥，操作过程中精力要集中，不得东张西望和开玩笑，工具不用时要收入工具袋内。

(2)正确穿戴好个人防护用品，脚应穿软底鞋，拆除挑架等危险部位要挂安全带。

(3)严格遵守拆除顺序，由上而下，一步一清，不准上下层同时作业。

(4)拆除脚手架的大横杆、剪刀撑，应先拆中间扣，再拆两头扣，由中间操作人员往下传杆子，不得往下乱扔。

(5)拆除的脚手架架杆、脚手板、钢管、扣件等材料应往下传递或用绳索吊下，不得往下乱扔，以免伤人和产生不必要的损失。

(6)拆除过程中不要中途换人，如必须换人时，应将拆除情况交代清楚。

(7)拆除过程中最好不要中断，如确需中断应将拆除部分处理清楚告一段落，并检查是否会倒塌，确认安全后方可停歇。

(8)脚手架拆除完后应将架料分类堆放，堆放地点要平坦，下设支垫排水良好。最好放置室内，堆放在室外应加以遮掩。对扣件、螺栓等零星小构件应用柴油清洗干净装箱、用袋分类存放室内以备再用。

7.2 裸露山体治理的文明施工

在充分了解国家和省、市政府有关循环经济与可持续发展的各项方针、政策、规定，以及各级政府主管部门有关道路交通管制、现场消防管制、施工扬尘管制、施工噪声管制、施工振动管制、施工照明污染（光污染）管制、施工排水污染管制、土壤保护和建筑垃圾管制等的基础上，结合工程实际，确保环境保护的技术保证措施。

7.2.1 实行环保责任制

实行环保目标责任制，建立以项目经理为第一责任人的环保责任制。

7.2.2 防止噪声污染措施

(1)严格控制人为噪声，进入施工现场不得高声喊叫，不得无故甩打木板、树枝，乱吹哨，限制高音喇叭的使用，最大限度地减少噪声扰民的情况。

(2)当工程工期紧张和技术质量要求必须采取昼夜施工时，先申报建设行政主管部门及环境保护行政主管部门批准，并与当地居民及居委会协调好关系后方能予以施工，施工时尽量采取措施降低噪声。

7.2.3 防止大气污染措施

(1)施工现场大气污染主要为粉尘污染,施工中应采取有效措施,将飘尘控制在日平均浓度0.15 mg/m^3 以内(二级标准)。

(2)蘑菇肥、有机肥等易飞扬的散体材料,库内存放,室外临时露天存放时,必须下垫上盖,严密遮盖防止扬尘。

(3)刮大风时,通过覆盖种植土或洒水以防尘土飞扬。

(4)严禁施工现场焚烧油毡、橡胶、塑料、皮革等会产生有毒、有害烟尘和恶臭气体的物质。

7.2.4 防止水源污染措施

(1)严禁将有毒有害废弃物作土方回填。

(2)在台风雨来临时,要覆盖好种植土,以防水土流失;暴雨过后要及时清理现场,以免影响环境美观。

7.2.5 成品保护措施

(1)绿化工程乔木种植完成后,及时进行加固,以防止大风吹倒树苗。

(2)绿化施工完成后,应及时进行养护管理、施肥喷水,促使植物尽早定根生长。

(3)发现植物出现病虫害,必须及时喷药治疗。

(4)树木种植完成后,在显眼处设置警示牌,提醒行人注意,防止践踏破坏。

(5)为了防止苗木腐蚀,在管理养护中要根据苗木种类的特性进行浇水养护,防止浇水过多造成植物根系腐烂。

(6)对种植好的树木采用石灰水涂擦其主茎以起到防腐作用。

第8章 主要机械设备及材料介绍

本章主要介绍常用喷播机械及植生袋等新的施工材料。

8.1 主要机械设备

本节主要介绍近年来在裸露山体治理中常用的液力喷混植生设备的性能、使用方法及保养方法等。

8.1.1 液力喷混植生设备的主要技术参数

客土喷播或喷混植生可以采用湿喷和干喷两种工艺，干喷客土喷薄工艺开发得较早，其主机是采用喷锚机，在空气压力下将较干的混合物料送到喷嘴。

液力喷混植生设备主要技术性能参数见表8-1，湿式喷射机原理见图8-1。

表8-1 液力喷混植生设备主要技术性能参数

项目	内容及型号	单位	参数
湿喷机	型式		水平单动双列液压活塞式
	理论排出量	m^2/h	10
	理论泵送压力	MPa	8
	分配阀形式		S管摆阀
	输送距离(喷射)	m	水平350，垂直100
	最大骨料尺寸	mm	30
	输送缸缸径×活塞行程	mm	φ140×1000
	输送缸数目	只	2
	料斗容积/上料高度	m^2/mm	0.35/1200
	介质落度范围	cm	12~23
管道清洗	方式		中压水洗或气洗
柴油机	型号		R4105D2
	功率	kW	46
	转速	r/min	1 800
冷却风机	功率	kW	0.126
	转速	r/min	2 700
液压油	液压油型号		抗磨YB－N46或YB－N68
	油箱容积		350
	冷却方式		风冷
喷射性能	回弹率		≤15
	作业粉尘浓度(机旁)	mg/m^2	≤10
供料方式			人工土料或罐车自动上料

续表 8-1

项目	内容及型号	单位	参数
行走方式			轮式或轨用式
外形尺寸	长×宽×高	mm	4 450×1 680×1 950(胶轮)
			3 900×1 350×1 950(轨轮)
质量	总质量(含油、不含管道)	kg	2 850

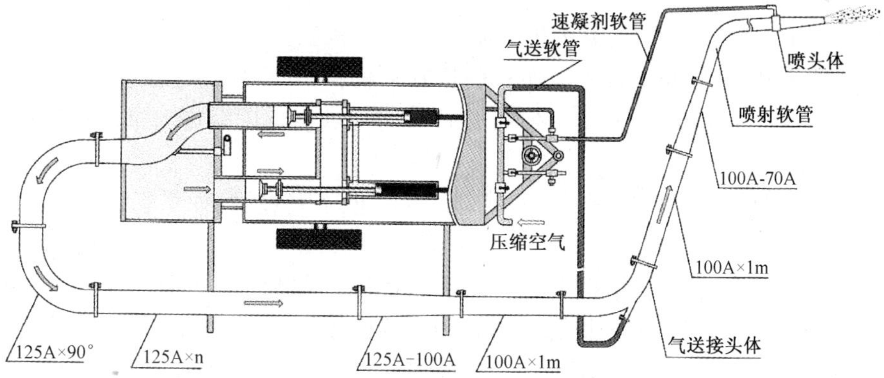

图 8-1　湿式喷射机原理图

8.1.2　YSP－15SR 型湿喷机的操作使用

8.1.2.1　工作前的准备

(1)机器到达工作场地后,支起支承腿,使轮胎稍离地面平稳放置,并且既要考虑便于操作,又要尽可能缩短输送管路的长度。检查机器是否处于完好、正常状态。

(2)对作业现场的人员进行合理的分工,检查作业场地及施工作业面是否安全、正常,作业人员劳保用品穿戴是否合乎要求。

(3)检查液压油、燃油及机油的油位,如果不足,应加至适当位置。

(4)检查冷却系统,加足冷却水。

(5)打开燃油开关,使柴油流向输油泵,并排除燃油系统的空气。

(6)在水槽内加入清水。

(7)启动柴油机,按以下步骤进行:将油门操纵手柄置于较大供油位置;将减压手柄扳至减压位置;顺时针转动电路钥匙开关,接通电路;将启动开关扳至“启动”位置,待启动电机带动曲轴转动较快后,将减压手柄扳至原位即可启动柴油机。

(8)柴油机启动后,将启动开关扳至原位,将油门操纵手柄置于“怠速”位置。将电路钥匙开关逆时针转动至“充电”位置。

(9)柴油机启动后应立即检查机油压力,怠速运行时机油压力不低于 0.05 MPa。

(10)柴油机启动后应低速运行数分钟,使机油加温预热,待冷却水温度达 60 ℃方可满负荷运行。

(11)在启动泵送按钮前,将柴油机的油门操纵手柄置于最大位置(此时柴油机转速达 1 500 r/min)，随后可进行泵送作业。

注意：启动柴油机因运转电流大，每次启动时间不得超过 10 s，不要连续启动，间隔不得小于 2 min，每次启动转动不应超过 10 次，以免损坏启动电机的蓄能池。

8.1.2.2 操作程序

注意：正式启动前应检查油泵的旋向是否和箭头指示方向一致。

(1)启动机器空运转，若气温较低，空运转的时间较长，要求液压油的温度升至 15 ℃以上才能开始作业。

(2)先向料斗中加入一定量的稀料浆(30 ~ 50 L)，湿润料斗及输送流道。

(3)料斗中保留一些料浆，并使搅拌轴处于正转状态。

(4)启动振动电机，并向料斗中加入制备好的物料，开机泵送作业，待泵送的物料到加气接头时，启动速凝剂泵，开启供风阀门，按喷射要求正确调节物料泵送量和速凝剂添加量。

(5)料斗中的物料平面应保持在搅拌轴上线，但不要过满，如供料跟不上要随时停机，料斗中要保留适量的料。

(6)喷射作业时，应尽量使喷头与受喷面保持垂直，间距与风压协调(一般 1 ~ 2 m)，喷射手的助手应及时理顺输送软管，并保持与机器操作人员的联络。

(7)操作人员应随时观察机器的压力表、油液显示计，观察机器运行是否正常，并保持与其他作业人员的联络，根据情况及时调整参数，保证施工作业的顺利进行。

(8)作业中途停机时间不宜过长，且停机过程中应隔一段时间泵送两个冲程(可正泵，也可反泵)。

8.1.2.3 结尾工作

(1)作业完毕，应接入清洗水，及时清洗机器及管路。

(2)输送管路的清洗：应先将输送软管部分接上气洗接头，徐徐打开气阀，将软管部分清洗干净；把靠近机器端的第一根直管拆下，接上气洗接头，并在直管的口部将浸透水的海绵球(或水泥袋纸球)吹出，气洗即结束；若气压不足，吹洗不动，则应分段气洗；气洗过程中应当注意安全；空气压力不宜超过 0.5 MPa；进气阀应缓慢打开，并仔细观察；出料管口应对着无人的安全位置；打开料斗底部放料口，清洗机器料斗及 S 阀等。

(3)放掉水洗槽内的水，并清洗干净。

(4)用手动润滑泵向各润滑点加注润滑脂。

8.1.2.4 柴油机的停车

(1)柴油机停车前，应先停止泵送，卸去负荷，逐渐减小油门，降至怠速，且水温在 75 ℃以下时，向后扳动停车手柄，严禁在水温过高时骤然停车。

(2)取下开关钥匙，关闭燃油箱阀门。

(3)不允许用关闭燃油箱阀门的方法停车，也不要用减压方法停车，以免损坏气门。

(4)机器在运行中不得拆卸和调整，操作人员不得离开现场。

(5)明火不得靠近正在工作的柴油机。

(6)喷射过程中，机器操作者必须与喷射手保持联系，如出现异常现象，必须先停机，再关主风阀。

(7)工作前,注意观察料斗内是否混有异物,机器运转时,严禁将钢钎等器具插入料斗内,否则会损坏机器。

(8)任何情况下,严禁将喷头朝向人员活动的方向。

(9)保证各部润滑,无水时活塞不许动作,液压油温保持在 15 ~ 70 ℃。

(10)料斗上格栅不能随便去掉,严格控制物料粒径不超过 30 mm。

(11)不要随意调整液压系统压力。

8.1.3 液力喷混植生设备常见故障的原因及排除方法

液力喷混植生设备常见故障的原因及排除方法见表 8-2。

表 8-2 液力喷混植生设备常见故障的原因及排除方法

故障现象	原因	排除方法
堵管、堵泵	物料的性能与配比不合要求	调整物料的配比,增强流动性
	物料供应中断	1. 应做好计划,保证供料及时,停机时间以不超过 15 min 为宜 2. 操作人员应注意存料,严禁泵空
	管道接头漏浆	检查、重新安装或更换密封垫
	吸入流道堵塞	采用反泵操作,将料吸回料斗
	吸入空气	1. 在料斗内加入一些稀浆搅拌 2. 打开料斗底阀清理
	活塞破损后漏浆造成物料离析	更换活塞
	活塞破损后阻力增大造成推送缸压力不平衡	更换活塞
泵不吸料或排量减少	料斗内无足够料浆,使泵吸入空气	应保持料斗内存有 1/2 以上的料浆
	介质水灰比小,流动性太差,或配比不合要求	增加水灰比,或更改介质的配比
水槽内很快有泥浆进入	输送缸活塞磨损过度	更换活塞
	输送缸内壁磨损过度	更换输送缸
油产生泡沫	油箱内油面过低	加油至正常油面位置
	用油不当	更换合适的液压油
	油泵轴密封漏气	检修油泵
	吸油管道漏气	检修或更换
	空气排出不彻底	排尽空气
传动部分发生异响	连轴器损坏	更换
	电机或油泵安装螺栓松动	拧紧安装螺栓
输送缸内有异常响声	输送缸活塞损坏	更换活塞
	活塞连接杆连接螺丝松动	拧紧连接螺栓
	输送缸磨损过度	更换输送缸

续表 8-2

故障现象	原因	排除方法
柴油机不能启动	燃油系统油堵塞	拆卸清洗
	燃油系统油中有空气	检查漏气处,排除系统内空气
	供油提前角不对	检查调整
	蓄电池亏电	重新充电,达到规定要求
	电器接线不良	检查接线
	启动电机离合器打滑	检修
柴油机功率不足	空气滤清器堵塞	清洗或更换滤芯
	供油不足	排除系统内空气,检查管道是否漏油
	柴油机过热	检修冷却系统,清洗水垢
	柴油机内积炭过多	清除积炭
	排气管不畅通,主换向阀卡死在中位,主换向阀线圈接触不良或烧死	检查并排除
正常油路工作中主油突然不换向	溢流阀故障原因	拆下阀体,清洗后装好
	行程开关接触不良	更换
	主换向阀故障	检查油泵压力、溢流阀内阀芯有无泄漏或卡住
	大修后闭合油路油液太多	调整
	堵塞或堵泵	检查阀芯是否卡死、电磁线圈是否良好
按泵送按钮主油路不工作	分配油路无压力	排除油液少许
	换向线圈故障	反泵排除
主油泵压力不足	溢流阀压力调整太低	检查分配油路
	主油泵有故障或液位不足,滤清器堵塞造成吸油困难、当伴有噪声或无油输出	更换或调整
主活塞杆或主油缸振动严重	油箱中油位太低,系统中吸入空气,有严重噪声	检查液位、滤清器和油泵
	主油泵吸油处漏气造成系统有气体、有噪声	将油液加到规定位置
活塞破裂后经常性堵泵	活塞破损后漏泵浆造成物料离析,活塞破损后摩擦阻力显著增大,造成两缸推送压力不平衡	检查主油泵
S 阀动作缓慢	溢流阀调整压力太低	更换活塞
	蓄能器充氮压力太低	调整到设定值
搅拌轴转速下降或不转	料斗内物料品质太差或物料配合比不适合泵送(有压力)	重新充氮

续表 8-2

故障现象	原因	排除方法
系统油温太高	外负荷过高,主溢流阀经常溢流	调整物料配合比
	主溢流阀因故障经常处于溢流状态	检修马达
	油泵故障造成温升	消除人为影响

8.1.4 YSP－15SR 型湿喷机的维护保养

8.1.4.1 使用中维护

(1)在连续使用中,应随时注意柴油机的油压、油温、水温、电流等仪表指示,观察排气烟色,倾听内部声音,发现异常时,应及时停车检查予以排除。

(2)注意观察液压系统是否有漏油地点,发现漏油及时紧固密封。

(3)检查料斗内搅拌轴两端是否漏浆,发现漏浆及时紧固密封,或更换密封件。

(4)各润滑点每 8 h 加注黄油 4 次。

(5)注意油箱指示油位是否正常,若下降到下止点以下,说明缺油,就应及时加够油量,以防止油泵吸空,造成损坏。当液压油温高于 80 ℃时,应停止泵送。

(6)随时注意油压表读数,当输送管路堵塞和 S 阀卡料时,系统油压上升到最大值,应进行反、正泵操纵处理。如果无效,应及时停机,人工处理,以免管路中物料阻塞长度不断增大,造成排除困难。

(7)及时检查物料泵缸活塞的摩擦情况,发现水箱内出现较大沙粒,即说明活塞严重磨损,应紧固螺钉或更换活塞。

8.1.4.2 输送缸活塞的更换方法

(1)打开水洗槽盖板(注意:接近开关的感应头不要接触或靠近金属物表面),放掉水洗槽内的水。

(2)启动主机,将泵机状态旋钮旋至"点动"状态,分别点动主油缸的两个点动按钮,检查点动功能是否正常,如点动功能正常可靠,动、停动作灵敏、准确,则可以进行下一步骤的更换物料缸活塞操作:如点动功能不正常或可靠性不够,动、停动作灵敏性和准确度不够,则应立即检修,排除故障,点动功能正常可靠后方可执行下一步骤的更换物料缸活塞操作。

①按动任一点动按钮,将在一只油缸的活塞退至最后,使与该油缸相连物料活塞连接杆退至水洗槽内,停机并切断总电源,禁止随意启动主机。

②用扳手拆下连接杆前后的连接螺栓,取出连接杆,然后再次启动主机,将该油缸向前点动,使油缸活塞杆前端的连接盘向物料缸活塞固定架尾盘靠近,再次停主机和切断总电源,用螺栓将上述两盘连接。又一次启动主机,按点动使该缸物料活塞被拉出物料输送缸面置于水洗槽中,又一次停主机和切断总电源,拆下两盘连接螺栓,取出物料活塞架和活塞。

③从物料活塞架上拆下已磨损物料活塞,换上新的物料活塞,将其整体按安装物料缸

的相反程序和操作方法将新的物料活塞装入输送缸内。

④采用与上述相同的操作程序和操作方法将另一只输送缸的活塞更换好。

⑤启动主机，分别全行程点动两主油缸，检查物料活塞更换后各部位是否正常。无误后，盖上水洗槽盖板，加清洗水，即可使机器投入使用。

更换活塞的注意事项：①更换活塞必须由专业维修技术人员进行全过程的操作，非专业维修人员不得擅自进行该项操作，以免产生失误，造成机器和人身的伤害。②全部的操作过程只需一人单独进行，另外可有一人进行提示和帮助确认，但禁示参与操作。③启动主机进行点动时，禁止在水洗槽内进行拆装操作，同时水洗槽内的工具和其他杂物应全部取出。

特别提示：整个更换活塞过程中，严禁将手或身体的其他部位伸入输送缸内或有可能由于活塞运动造成被剪切的部位。

8.1.4.3 检修或更换S管部件的方法

检修或更换S管、S管前后支承、摇臂、摆阀油缸、眼镜扳、切割环等零部件，必须关闭主机，并切断主电源，还必须打开蓄能器卸压阀将压力全部卸光。

检修或更换搅拌系统零部件，如搅拌爪、搅拌轴、搅拌马达等，必须关闭主电机并切断总电源。

蓄能器充氮调压应由专业人员按要求进行操作，一般机器使用操作者不得随意充氮和调压。

液压系统的检修调整和零部件的更换，必须由专业维修人员进行。

电气系统的检修、调整和零部件的更换，必须由专业维修人员进行。

液压油的使用必须严格满足相关要求，如型号、清洁度、更换周期、过滤精度等，同时吸油过滤器、回油过滤器等应经常进行清洗和按要求更换滤芯，保持畅通。

8.1.4.4 使用后保养

(1)应及时清除泵机上黏附的物料。

(2)各润滑点(见表8-3)应加注黄油。

表8-3 润滑点一览表

序号	润滑部位	点数	加油周期	换油周期	油品种	加油方法
1	S阀前、后支承	4	4次/台班		钙基	手动加油泵
2	摆阀油缸 柱塞球窝	4 2	4次/台班		钙基	手动加油泵
3	搅拌轴承	2	20次/台班		钙基	拆盖加油
4	搅拌轴密封	2	4次/台班		钙基	手动加油泵
5	物料缸活塞	1			钙基	手动加油
6	计量泵传动箱	2			HJ-30	机械油
7	轮胎轴承		300台班		钙基	拆后手加

输送缸中的活塞液脂注入的特殊要求：活塞必须在行程下止点的时候，把液脂压入活塞的两个反唇式密封圈之间。

(3)料斗搅拌轴和S阀两端密封拆开,排除积存的物料,并加注黄油。

(4)机器如长期停置不用,料斗上部应加盖保护。

(5)管路各段若不拆下,可在两端用麻布堵塞,防止异物进入。若长期停放,必须敲除每节管接头处的物料,以便下次使用顺利。

(6)应将水箱中的水放掉,并冲洗干净。

(7)油箱内液压油,要求每半年更换一次,按季节、气候更换不同牌号液压油。

(8)冬季使用,停机时应放空洗涤箱中的水。

8.1.5 喷混植生湿喷与干喷设备工艺比较

喷混植生湿喷与干喷设备工艺比较见表8-4。

表8-4 喷混植生湿喷与干喷设备工艺比较

比较项目	工艺类型		备注
	湿喷	干喷	
工作原理	搅拌机将各种物料加水拌和均匀后,倒入湿喷机中,通过泵经湿料输送管送到喷嘴处,再通过空压机将混合物料吹到坡面上	利用空压机提供的压力将混合干料喷到坡面上,在出口处与水泵泵出的水混合,在坡面形成较紧密的喷混基材种植层	
施工设备	湿喷机、小型空压机、搅拌机等	喷锚机、9 m^3 以上大型空压机、水泵等	
柴油能耗	较小,43 L/8 h	大,100 L/8 h	湿喷节能50%以上
基材输运方式	泵送	压缩空气	湿喷能耗低
可喷播植物部位	种子和根茎	种子	湿喷扩大了可喷播植物部位
输料扬程	110~120 m	50~60 m	湿喷提高了喷播高度近一倍
出料量	15 m^3/h	5 m^3/h	湿喷提高了工作效率一倍以上
施工效率	小雨天也可施工,效率较高,600 m^2/d	下雨不能施工,效率较低,300 m^2/d	湿喷基本不受天气影响
坡面平整度	局部微观不平整,坡面形成众多小凹坑	平整	
种子利用率	较高	较低	
坡面保水性	较好	较差	湿喷提高了坡面保水性
植物生长情况	较好	一般	湿喷改善了植物生长状况

8.2 主要材料介绍

8.2.1 客土及肥料

裸露山体边坡防护工艺的特点及一般边坡后期不投入养护的这一特性决定了裸露山体边坡土壤改良主要体现在对客土进行改良方面。在裸露山体边坡防护过程中,由于交通、成本等多方面的影响,许多边坡防护施工企业基本对土壤不进行改良而直接利用。这些客土多为边坡开挖后的心土,少量的为野外植被层表土,造成长期以来裸露山体边坡的防护出现“一年一大片,二年一条线,三年一点点,四年看不见”的现象。因此,必须根据边坡植被生长特点和营养需求及边坡土壤肥力特点对客土进行科学改良。根据多年的实践结合相关研究成果,具体改良措施及其依据简述如下。

8.2.1.1 增施有机质,调节客土层碳氮比(C/N)

土壤有机质是土壤肥力高低的重要指标,在热带、亚热带地区,土壤有机质在保持某些养分、避免淋溶损失方面较其他地区有着明显的作用。对于边坡土壤而言,因多为新开挖的新生土,自身有机质含量很少,而所建植的边坡植被层前期自身的有机质来源又非常有限,因此只能通过人工补充才能保证绿化边坡植物的正常生长。有机质还反映了土壤成土五因素对土壤发生过程中主要元素的迁移、土壤微生物活动、有机质的合成与分解、养分的转化与释放、微量元素的有效性及土壤肥性、缓冲性能强弱等状况。根据有机质的成分适当调节客土层土壤 C/N 比到(15 ~ 20):1,可控制有机质的矿质化和腐化过程,施用没有腐熟的有机肥作底肥时,由于 C/N 比大,分解快,容易在植被生长初期引起微生物与植被争氮,同时也浪费了氮素,降低了腐殖化系数。为了加速这些有机质的腐烂,改善植被营养并提高腐殖化系数,一方面,可同时施入一些含氮量高的腐熟的有机肥和化学氮肥以缩小 C/N 比,提高腐殖化过程;另一方面,需要控制氮素,这样可控制植被地上部分的生长势,减小由于徒长等造成的对根系与边坡构成的水土保持体系的压力,减少由于植被地上部分过重导致的滑坡、坍塌等现象,同时也避免植被疯长、徒长,消耗过多养分。从对自然土壤的有机质含量和氮含量分析可知,各类土壤有机质平均含量仅为 1.072%,缺乏水平(5 级)及以下的占整个测定样品数目的 44.44%。全氮平均含量为 0.062 8%,速效氮平均含量为 45.94 mg/kg,均处于非常低的水平,因此在经济实用的前提下,边坡客土层施足有机肥料是保证植物生长最有效的方法。坡面有机肥通常以施用 15% ~20% 改良型泥炭(泥炭与资源丰富、成本低廉的城乡有机废弃物按一定配方掺混配制)为主,有条件的地方还可实行作物秸秆覆盖,以利于提高土壤的有机质含量,改善土壤的理化性质,为边坡植被创造一个肥效持久、肥力水平达到中等状态的土壤层,从而保证坡面植被营养的均衡持久。近年来,张玉昌等利用食用菌养殖废渣、药渣、城市脱水污泥、禽畜粪便等有机物料,开发出了裸露山体边坡客土喷播基质、速生林木基质等多种有机物料,通过在各个不同边坡工程上的使用,均表现出了良好的效果和经济效益。

8.2.1.2 调整 pH 值

酸碱度是影响土壤肥力的一个重要因素，对矿物质的风化、盐基淋溶、养分形态转化等有一系列深刻的影响。一方面，酸碱程度差异可决定多种矿物质元素养分的存在形态和对植物的有效性，也影响到土壤中微生物的数量、组成和活性，从而影响到土壤中养分元素的转化；另一方面，植物根系与土壤直接接触，不同的酸碱度影响植物根系对养分元素的吸收能力，而且强酸和强碱还决定着植物的生长与存活。pH 值还直接影响微量元素的溶解性及有效性，在酸性条件下铁、锰、锌、铜等溶解度较大，随土壤 pH 值下降而增加，有效性随之提高，在强酸条件下，含量很高可能对一些作物有毒害，影响根系生长。当土壤 pH 值升高时，上述微量元素将逐渐转化为氢氧化物或氧化物，溶解度降低，对植物的有效性也变小。

从上述对广东省多处心土土样有机质含量和氮含量分析可知，被测样品 pH 值平均值为4.70，其中强酸性土壤占30.56%，对植被的营养吸收和根系的良好生长非常不利。边坡植被通常在中性土壤条件下对营养的吸收利用效果最佳，其根系生长最适宜，因此可通过掺混 50～120 g/m^2 石灰或酸性土壤调理剂等方法，使土壤的酸碱度处于6.0～7.0，这样既中和了土壤酸性，降低铁、铝离子活性，提高肥料利用率，又可增强微生物活动和促进有机质的转化，还可杀灭土壤中部分害虫和病原菌。

8.2.1.3 磷素营养

磷素是核酸、核苷酸、三磷酸腺苷的组成成分；磷素参与植物体内糖类的合成和运输过程，也与植物体内蛋白质合成过程有密切关系。当植物缺磷时，植物体内碳水化合物和蛋白质的合成受阻，致使植物幼芽、幼根部分的细胞分裂和生长失常，不利于植物体内糖分运输，不利于根系生长。护坡植被因主要功能为水土保持，根系生长更为重要。根系不健，肥料再多也无法吸收促长。我国华南地区土壤呈酸性，造成土壤通常严重缺磷，这对于以根系固土护坡为主要功能的边坡植被根系生长非常不利，因此在对客土进行改良的时候，尤其要注意磷的补充。通常可通过施加钙镁磷肥（尤其是强酸性土壤）或者过磷酸钙 50～100 g/m^2，使边坡土壤的磷素含量达到中等水平，以提供边坡植物一个良好的养分环境。

8.2.1.4 钾素营养

因裸露山体边坡环境比较恶劣，而钾素可以提高护坡植被的抗逆性，因此在边坡防护中也显得非常重要，尤其是对边坡防护植物的抗旱、抗寒等抗逆性能方面。南方土壤一般缺乏钾素，特别是新开挖的心土层，在利用这些土壤进行种植时必须对其进行改良，考虑到经济性，可通过添加适量草木灰的方式进行改良，这样既可中和土壤酸性，还可增加土壤钾素含量，提高边坡植被抵抗逆境的能力。张玉昌等开发的边坡用钾细菌对岩石中和土壤中的钾转变为植物可以吸收的钾也有明显效果。

裸露山体边坡防护中客土肥料的施用是否合理，不仅关系到护坡植被的功能是否能达到固土护坡、美化沿线景观的要求，还关系到边坡植被系统能否长效、持久，最终形成自营自养、可持续发展的防护体系。就护坡植物生长及营养特性而论，由于其土壤、水分等生长环境通常比较恶劣，而且后期都是粗放管理，或者是无人工管理，基本上要靠护坡体系自身形成自营自养体系维持，因此其合理施肥要求更高。与其他植物一样，护坡植物的生长需要 16 种元素，各种元素有其独特的功能，相互间不能替代，是土壤肥力的具体表现；除此，土壤肥力还有两大因素：一是土壤有机质，二是土壤酸碱度。目前，我们建植的生态边坡植被层，其功能利用主要以水土保持为主，生态景观为辅，故重点在于追求固土护坡质量，兼顾生态景观效果，因此在优先选择当地优良乡土护坡植被的前提下，所选植被要求在坡面以根系健壮、植被低矮、多抗为主要目的，这就决定了边坡植被对养分的要求。根据边坡土壤及植被功能要求这一特点，在进行边坡土壤改良时，要以氮为主(即 N 高),磷、钾为辅(P 低、K 中等),钙、镁含量充分，平衡施肥。针对广东地区多数高速公路边坡土壤存在的酸性过强,有机质含量少,磷、钾缺乏等特点，为了提高边坡防护的效果，特提出广东地区边坡生态防护土壤经济、有效改良的主要措施:①增施利用城乡有机废弃物堆沤形成的有机质肥料，调节客土层土壤 C/N 比，提高客土层土壤肥力的长效性、均衡性;②推广测土配方施肥技术，通过测定土壤的养分含量，实行“对症下药”,推广因土配方施肥技术;③调节南方地区土壤酸性较强的特性，重视添加石灰(碱渣)、土壤调理剂、草木灰等经济的调节物质,不但可以中和边坡土壤酸性到大多数绿化植物适宜生长的土壤酸碱度范围，还提高了土壤中钾、钙等元素含量，提高边坡植物的抗逆性;④适当使用固氮菌、磷细菌、钾细菌等微生物肥料。

8.2.2 丛枝菌根(AM 菌)的应用

根际丛枝菌根(AM 菌)是土壤微生物的重要组成部分,与植物形成共生后参与植物许多生理生化代谢过程形成菌根,根外菌丝不断扩展到土壤中,形成庞大的网状结构。菌根及其根外菌丝穿过土壤颗粒间极细小的空隙,与土壤颗粒密切接触,其分泌的有机分子物质可作为土壤颗粒的黏着吸附剂,促进土壤颗粒形成团聚体,从而提高土壤的透气性、水分渗透能力和保水能力,促进生化循环、抵御土壤侵蚀等,同时,还能显著增加植物对土壤水分和矿质元素(尤其是磷元素)的吸收,提高植物的抗逆性,如增加植物抗旱、抗盐性、抗病性和增强作物对盐碱和重金属毒害的耐性等,促进植物的生长和发育,改良土壤,提高苗木移栽成活率,提高产量和改善品质,在植物群落结构组成以及维持生态系统的物种多样性和稳定性等方面发挥着重要的作用。

AM 菌资源丰富,生态适应性强,可发生在各种生态系统,除大量分布于农业和森林土壤中外,沙漠、珊瑚礁、沿海滩涂、盐碱土壤、贫瘠土壤及一些工业污染区、废矿区土壤、侵蚀土壤中均有分布。一般来说,该类真菌主要分布在 0 ~ 30 cm 的表层土壤,土层越深,数量越少,15 cm 以下的土壤中则显著减少。植物菌根周围土壤中 AM 菌分布最多,根系分布范围之外的下层土壤一般没有或者极少。寄主范围十分广泛,可寄生于单子叶植物和双子叶植物中。

目前,世界上许多国家都十分重视丛枝菌根生物技术的应用与推广。美国、法国、加拿大以及南美、欧洲等国家和地区,已开始商业化生产丛枝菌根菌的接种剂;澳大利亚完成了菌丸(Myeobead) 菌剂生产的工业化技术研究;美国在柑橘苗木生产上首先开发应用丛枝菌根真菌接种技术,生产菌根化苗木并获得经济效益。我国对 AM 菌的研究和应用还刚开始,在生态重建中有利用 AM 菌来促进植物生长、提高土壤保水保肥能力的实例。如在裸露山体复绿中,在土壤中注入 AM 菌剂来提高植物的抗性和土壤的保水性等,AM

菌在裸露山体治理中取得了比较好的效果,在以后的生态重建中可大力推广运用。

8.2.3 保水剂、黏结剂的应用

裸露山体被开采后裸露的岩石通常不具备植被赖以生长的土壤条件和养分条件,并且坡面坡度一般都比较大,有的甚至接近垂直坡度,而且表面岩石风化程度不一,在受雨水、风等外界条件的侵蚀下坡面极易出现坍塌、水土流失等破坏现象。如何在裸岩上进行保土、保肥、保水已成为边坡植被绿化需要解决的难题。近些年,人们在裸露山体复绿的土壤基质中加入了保水剂和黏结剂材料,很大程度上抑制了破坏现象的发生,同时保水剂和黏结剂的使用加速了植物的生长覆盖速度,从而缩短了石壁的绿化时间,达到了保持水土、恢复植被的目的。

植物保水剂是利用生物技术生产的具有高吸水特性的新型植物生长保水调节剂。它是一种高分子材料,外形以颗粒和粉末状为主,白色,pH 值呈中性,不溶解于水但能吸水膨胀,吸水能力极强,能吸收自身重量数百倍至上千倍的水分,有效地影响植物内源激素的合成与代谢,并通过控制其运输方向来增强植物体能,从而提高苗木抗旱、抗寒、抗逆能力和移植的成活率。植物保水剂和黏结剂的使用可以大大提高石壁绿化植被的成活率,植物保水剂具有以下几个特点。

(1)降低工程成本,提高种子发芽率。在裸露山体石壁植被生态恢复工程中,每平方米施用 6 ~40 g 的保水材料和黏结剂,成本仅需 0.2 ~1.2 元,但节省了因坍塌引起的二次修复的大量资金。保水剂的应用提高了种子的发芽率,其出苗率较没有施用时可增加 14% ~60%,而且有利于植物的生长发育。后期养护管理也比较简单,第一年养护浇水 3 遍左右便能保持植物生长所需的水分,第二年基本不用管理,养护成本较对照节省 19% ~43%。

(2)抗旱保水。保水剂就好像一个微型水库,能够反复大量吸收水分蓄水和释放水分供植物缓慢吸收,即吸水—释水—干燥—再吸水。土壤施加保水剂后,由于保水剂分子中含有大量能够吸收可被植物利用的自由水的亲水基团,这些亲水基团遇水离解,使保水剂的吸水能力大、吸水速度快(王亚飞、毕红梅,2006)。保水剂还可以有效地抑制土壤水分的蒸发,减缓土壤释放水分的速度及水分的渗透流失。北京化纤所(1985)以拌有 0.5%(重量比)保水剂的饱和含水量沙土与不加保水剂的饱和含水量沙土(对照)做水分蒸发试验,结果表明,两周后对照所加的水分全部蒸发,而处理的含水量仍然保持 12%,大约 50 天后水分才全部蒸发。保水剂的吸水能力与其组成、结构、粒径大小、水中盐离子浓度及 pH 值有关。适宜应用的 pH 值范围一般为 5 ~9,pH 值过大或过小都可使其吸水能力下降。保水剂的使用达到了抵抗干旱和保持土壤含水量的目的,促进植物快速生长覆盖。

(3)保肥增效。由于保水剂具有吸收和保储水分的作用,因此可将溶于水中的氮、磷、钾肥及其他营养元素、物质吸附固定其中,减少可溶性养分的淋溶损失,从而提高了土壤对营养元素的吸附力,提高了土壤的保肥能力。

(4)改善土壤结构性。保水剂可提高土壤形成水稳定性团聚体的能力。保水剂施入土壤中,随着它吸水膨胀和失水收缩的规律性变化,可使周围土壤由紧实变为疏松,孔隙

增大,从而在一定程度上使土壤的通透状况得到改善。黄占斌、张国桢等(2002)的试验表明,保水剂对土壤团粒结构的形成有促进作用,特别是可使土壤中0.5~5 mm粒径的团粒结构增加显著。同时,随着土壤保水剂含量的增加,土壤中大于1 mm的大团聚体胶结状态较多,这对稳定土壤结构、改善通透性、防止表土结皮、减少土面蒸发有重要作用。

(5)对土壤温度的影响。保水剂还具有良好的保温作用,白天保水剂吸收的水分能够吸收热量,降低土壤温度,夜间温度下降的时候又能够将所吸收的热量释放出来,提高土壤温度,使得土壤的昼夜温差减小。在沙壤土上进行试验表明,6天内保水剂处理的最高地温比对照低3 ℃,最低地温却高1.5 ℃,地温日较差比对照缩小近5 ℃。试验证明,在土壤基质中拌入保水剂不仅能增加土壤中的水分,而且可以使地温的日较差缩小,有利于植物生理功能的正常发挥。

第9章　废弃裸露山体的景观规划和改造利用

9.1　废弃裸露山体的景观规划和改造利用概述

采石矿山废弃地景观规划与改造利用就是要根据景观规划原理,从区域环境条件出发,根据采石废弃地现状及景观特色和优势,提出具有艺术准则及科学原理的采石废弃地景观规划与改造利用实施方案,来保障生态安全,控制和改善生态脆弱区景观的演化,加强生态系统稳定性,建造适宜人类生存与发展的可持续利用景观模式,同时展示以自然美、生态美为核心的景观及价值。

9.2　采石废弃地景观规划与改造利用的理论基础

采石废弃地景观规划与改造利用是一项综合性多学科课题,它包括地貌再开发、生产能力的恢复、生态综合性、园林规划、旅游开发、经济学和美学价值等问题(周进生,2004)。采石废弃地景观规划与改造利用的基本理论主要有以下几个方面。

9.2.1　景观生态学理论

景观生态学作为现代生态学体系中一个年轻而活跃的分支,它的产生和发展来自于人们对大尺度生态环境问题的日益重视,其理论和方法主要来自现代生态学和地理科学的发展及其他相关学科领域如系统科学的知识积累(肖笃宁,1991)。其基本理论就来自景观、生态及综合系统论3个方面,其目的是根据生态学规律调节人与自然的关系,组织可再生知识积累(肖笃宁,1991)。资源利用和生态系统管理,实现积极的生态平衡,建设适于人类生存环境的一系列实践活动(傅伯杰,2001;郭晋平,2007)。采石废弃地景观规划与改造利用的目标之一就是建立一个协调、稳定、效益好的景观生态系统,促进区域的可持续发展。根据采石废弃地的区域发展状况,通过景观生态规划和设计,使采石废弃地在景观建设后具有优良景观生态系统的基本功能。

9.2.2　园林规划设计理论

园林规划设计理论是园艺、林业等自然科学技术和建筑文学艺术高度综合的一门应用学科,用于指导各类园林绿地的规划设计和施工建设,直接为各类城市园林建设服务,它的最终成果是维护生态平衡的有生命的艺术品,具有明显的生态效益、经济效益和社会效益(胡长龙,2002)。将园林规划设计理论引入到采石废弃地景观规划与改造利用中,旨在借鉴其中的规划原则、手法以及指导思想,为采石废弃地景观规划与改造利用提供方法上的支持。

9.2.3 景观美学理论

景观美是在特定的有限整体生态环境里，按照客观的美的规律和人对自然足够明智的审美观念创造出来的艺术性鲜明、突出、生动的形象，有力地揭示了人对自然既征服又保持和谐一致的本质。景观美学是生态美学和环境美学的具象化和人性化，是建筑美学的延伸和拓展，也是应用美学理论研究景观艺术的美学特征和规律的学科（杜强，2007）。采石废弃地景观作为一种有形的动态景观，必然在人类的各种感觉中留下印记，并产生好恶判断，随着改造实践的不断进行，人类对采石废弃地景观就形成了系统的好恶观。

9.2.4 城市规划理论

城市规划理论是关于城市及其规划的普遍的、系统的理性认识，是一种理解城市发展，并对之采用相应调控手段的知识形态。我国城市规划理论是以空间规划为主体的规划理论体系，现行所编制的规划，基本上是对城市（或城乡）物质空间环境的一种整治设想，城乡空间内涵的不断挖掘永远是城市规划理论的主要方向。城市空间规划就是重点研究如何保证城市的空间发展与包括采石废弃地在内的外部空间健康有序的发展，基础设施如何衔接，如何带动周围小城镇发展等问题（赵和生，2005）。采石废弃地的景观规划和改造利用不仅仅要考虑自身的科学合理，还要符合城乡区域规划的要求，进一步与城市相关规划衔接好。

9.2.5 废弃矿区景观构造理论

裸露山体的开采破坏了土地和地表景观，但景观重建为人们合理规划土地用途、建立新景观提供了机会。因此，景观学和景观建筑学的思想被引入到采石废弃地景观规划与改造利用中。其与采石废弃地景观规划与改造利用的相关理论研究重点为：娱乐休闲场地和自然保护区的协调统一，人为景观与周边环境的融合和协调等。

9.2.6 旅游规划学理论

旅游规划是对未来旅游发展状况的构想和安排，以使旅游资源产生应有的经济效益、社会效益和生态效益。它以旅游市场变化和发展为出发点，以旅游项目设计为重点，按照国民经济发展要求和当地旅游业发展需要，对旅游消费六大要素发展及相关行业进行科学安排和部署。它既是社会经济发展规划的重要组成部分，也是国土规划和城镇建设规划的有机组成部分，对采石废弃地进行景观规划和改造利用的目的之一就是创造收入，获得经济效益；创造就业，带来政府收益，为整个经济注入活力，拉动其他部门的收入，如农业、渔业、林业和制造业，同时能帮助支付基础设施成本并能更好地满足当地经济发展的需要。旅游作为当今社会上最重要的社会经济活动之一，恰恰最能满足采石废弃地景观规划和改造利用的此种目的。

9.3 城市内采石废弃地景观规划与改造利用的方式

城市内采石废弃地的出现多数是因建设新城区就近采石和城市的扩张，对其进行景观规划与改造利用主要有两种途径：一是将其开发为建设用地，比如，兴办学校，创建医院，修筑娱乐中心，构建图书馆、科技馆等公共建设设施，或者用于房地产开发；二是通过景观规划手段将其改造为城市公园，为城市居民提供别样的户外休闲空间。例如河南省焦作市的缝山公园就是利用该市内的一处采石废弃地通过整治建设形成的城市新亮点、对外开放的一张新名片（李天雄，2004）。山东省日照市银河公园也是利用在市区内所保留下来的采石废弃地通过将雨水注入采石坑形成湖面，运用景观规划原理因地制宜建设成为日照最具特色的城市公园，为市民提供了一个更加舒适清新、富有自然野趣的户外休闲空间。

国家工商总局行政学院位于深圳南山区的桃源村。这是利用一个废弃的裸露山体及其迹地建成的，为提升深圳生态城市形象，展现特区人与自然和谐风貌增添了精彩的一笔。城市内采石废弃地景观规划与改造利用的总体思路和技术路线如图 9-1 所示。

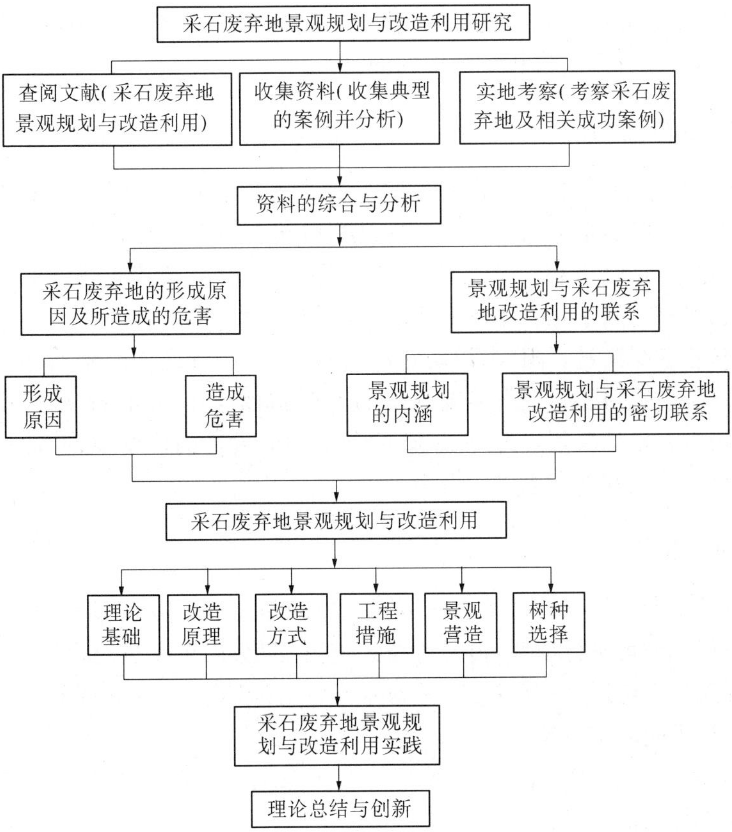

图 9-1　城市内采石废弃地景观规划与改造利用的总体思路和技术路线

9.4 相关工程技术措施

采石废弃地按其地貌特点一般分为废弃石壁和废弃采石坑两个区,其生态恢复可根据石壁坡度、高度、岩性、表面粗糙度和废弃采石坑及其周边环境情况,分别采取不同的措施和方法,进行地形整治、植被绿化和景观再造。

9.4.1 地形整治

由于先前对裸露山体的开采没有合理的规划,基本是乱开滥采,导致现如今的采石废弃地到处是不牢固的大石和经常滑落的碎石,其所形成的直立石质开采面也存在着塌方的危险,所以对采石废弃地的景观规划与改造利用首先要采取的工程技术措施就是地形整治,尤其是要将其改造为公园、旅游景区等人为活动频繁的类型时,安全性更加重要。

9.4.2 实地考察

首先应该对采石废弃地的地形作实地考察,对地形的地貌特点、地质状况、地下水状况、安全隐患、美观度作详细的调查并进行分析。对地质状况很差、安全隐患很大、美观度较低的地方要坚决拆除或作隐藏处理;对地质状况较好、安全隐患较小、美观度较好的地方根据规划图纸和设计思路作相应合理的处理。

9.4.3 对石壁的整治

对存在安全隐患的石壁,如果没有保留价值可坚决清除,清除方式可选择局部爆破的方式,但应根据要清除石壁的实际情况合理规划爆破点和炸药用量;对要进行绿化的石壁采用阶梯式处理的方式,以利于填土种植;对要保留的石壁,若其坡度大于15°,在设计登山步道时应设置护栏;对于悬崖峭壁的边坡,如果其不够牢固但又因设计和造景的需要保留时,应利用护栏或绿篱进行阻隔,以防止游人接近;对石壁之上的碎石,应进行清除,以防碎石滑落造成危险;对于石壁上需要保留的大石,如果其不够牢固,应采用灌浆的方式进行固定,以防大石松动滑落。另外,采石山顶上还应设计高位水池,并通过水泵向上打水,以用于植被的灌溉和瀑布水景的营造。

9.4.4 对采石坑的整治

对采石坑的整治应根据设计要求作不同处理,如果采石坑无保留价值,可利用清除的碎石以及城市建筑垃圾进行填埋,再通过覆土进行绿化;如果要进行水系改造,应根据设计水位的高程对采石坑进行挖深垫浅,并对水底作防渗处理,可根据采石废弃地水底渗水程度的强弱选择不同的防渗技术:

(1)钢筋混凝土自防渗:这种做法比较适合用在水体规则、水面较小的人工湖防渗工程。缺点是施工复杂,成本高。

(2)黏土防渗:这对有优质黏土的地区是很有利的,并有利于生态的交换。缺点是土方工程量大,驳岸防渗难以处理,成本较高。

(3)膨润土防水毯防渗:膨润土防水毯是专门用于人工湖的防水防渗材料。该产品适用于软基处理的基础层,即不需在湖底再做混凝土层,具有防渗透系数高、施工简便、施工质量易于检测、工程造价成本低、环保的特点。

(4)防渗膜防渗:防渗膜是乳白色半透明至不透明的热塑性树脂。具有良好的耐热性和耐寒性,化学稳定性好,耐环境应力开裂与耐撕裂强度性能好等特点,与膨润土防水毯一样,也是专门用于人工湖防水防渗的材料。另外,对需要游人亲近的岸边,其岸旁常水位以下 70 cm 处设缓冲平台,以保证游人的安全并利于水生植物的生长。

9.4.5 采石废弃地的景观营造

采石废弃地作为一个破损的基址,同样也给景观设计师们创造了一个不可多得的景观营造机会,即如何在保证生态恢复的前提下,在尽量减少资金投入和工程量的要求下,发挥景观设计师的设计能力,因地制宜地营造最好的景观,以满足人们的行为需求,并达到人与自然的和谐统一。

9.4.6 破损山体的景观营造

除上述所介绍的运用工程技术手段进行植被恢复外,还可以利用山体不同的形态进行景观营造。例如可以利用悬崖峭壁设计人工瀑布、摩崖石刻、石壁攀岩等;利用破损山体特有的形态创造大地艺术,像河南焦作的缝山公园就利用破损山体将其改造成形象逼真的卧佛景点;通过修建蜿蜒曲折的登山步道还可以为人们创造登山锻炼的场所(见彩图 61 ~彩图 64)。

第 10 章　典型裸露山体整治设计施工案例

本章以深圳市布吉郁南、吉岗裸露山体边坡整治绿化工程施工方案作为以上裸露山体矿山治理技术应用的实例。

10.1　深圳市布吉郁南、吉岗裸露山体边坡整治绿化工程项目概况

郁南、吉岗裸露山体位于龙岗区布吉街道办水径裸露山体群内，裸露山体开采边坡地下的迹地为在建的深圳市卫生处理厂、粪渣处理厂用地，其中郁南边坡坡脚下现规划为深圳市环卫处卫生处理厂，吉岗边坡坡脚场地为深圳市垃圾处理厂、粪渣处理厂。裸露山体处在清平高速公路西侧约 1 km 处，片区总占地面积约 35 万 m^2，于 2004 年停止开采，场地遗留大面积采石形成的岩质高陡边坡和不规则的开采迹地，一方面存在严重的水土流失和安全隐患；另一方面影响自然景观，亟待进行治理。

郁南、吉岗裸露山体边坡整治工程计划总投资 8 689 万元，其中主体整治工程投资约 7 200 万元，绿化工程 1 395.6 万元，主要项目包括：郁南、吉岗两个裸露山体复绿总面积约 35 万 m^2，除边坡坡面、马道等边坡主体的复绿外，还包括坡脚场地厂区红线外裸露坡面或地面的复绿以及吉岗、郁南两座边坡相连处裸露山体的复绿。

10.2　项目区现状

郁南、吉岗裸露山体原始地貌为丘陵坡地，由于多年的露天石料开采，形成了高陡岩土质混合边坡，裸露山体废弃后由专业勘察设计公司进行主体整治设计，现状主体整治工程正在施工，其中的锚拉格构支护、放坡、马道、吉岗裸露山体排水设施已经基本完成。

10.2.1　郁南裸露山体

郁南裸露山体整体呈马蹄形，开口向东，依据原山体走向，地形自东往西逐渐升高。根据现状地形情况，可分为四部分：西侧采石形成的高边坡、东北侧开山放坡形成的低边坡、东南侧开山放坡形成的锚拉格构边坡、边坡以下采石遗留的开采迹地（见图 10-1）。

西侧裸露山体边坡呈开口的环形，开口朝东，主体倾向西，边坡坡面裸露坡脚线长约 450 m，坡度 50°～80°，边坡呈上缓下陡状：上部土质及强风化坡体已完成锚拉格构支护，边坡中、下部的中风化和微风化坡体坡面陡直，多在 80°左右，有条件的地段已分级修建马道，马道宽度 1～3 m，中部存在安全隐患的坡面正在进行喷混凝土护坡。边坡总体坡度在 50°～55°，坡高一般大于 30 m，最高处坡高约 160 m，坡下地面标高为 148～152 m，

图 10-1 现状地形图

坡顶边缘标高为 220 ~ 313 m，坡顶地形起伏，有三个连续残丘，最高点标高为321.0 m。因多年开采及主体整治放坡，坡顶处大部分接近或超过原自然山体的山脊线，边坡坡顶以上外来汇水很少。坡后的自然山坡植被发育，主要植物为次生灌草丛及人工种植的相思、桉树林。坡脚处采石形成的深坑有地下泉水汇聚于坑中成为水塘，水塘最大深度约 7 m。

东北侧低边坡场地的原始地貌类型为丘陵坡地，主要为土质和全风化岩质，经开挖及土方施工形成现状地形，其中施工便道以上已经完成放坡，施工便道以下坡度较大，坡面及坡脚存在大量散积土，边坡存在安全隐患，需进行削坡或工程防护。

东南侧开山形成的锚拉格构边坡，边坡主要因其下卫生处理厂主体处理厂区施工需要，开山切坡后进行锚拉格构支护形成。边坡最高处约 58 m，坡长约 110 m，边坡上部为土质，下部为全风化至强风化岩质。

裸露山体遗留开采迹地地形多样，由破碎的低矮土质边坡、废弃土石堆、采石坑等组成，地表多为石粉渣或风化母质，土质较差。卫生处理厂厂房已经动工，郁南裸露山体开采迹地松散土方堆积，侵蚀沟发育，整体水土流失较严重，需尽快进行复绿（如彩图65、彩图66所示）。

10.2.2 吉岗裸露山体

吉岗裸露山体可分为四部分：裸露山体采石主坡、边坡西南侧土坡（顶部原开采迹地）以及坡脚的开采迹地和裸露山体下游（红线外）包含在本次治理整治范围内的坡面。

吉岗边坡整体呈弧形，开口朝东，边坡长约500 m，坡高30～130 m。边坡已开挖至山顶，总体坡度约50°，呈下陡上缓状，下部坡度75°～80°，北侧边坡（转弯处）下部局部坡度超过80°；上部较缓，坡度40°～55°。边坡主体整治工程已经基本完成，坡体采用分级放坡，各级坡之间留出马道，马道宽1～4 m，马道内侧修建了浆砌石排水沟，外侧修建了混凝土挡墙；上部土质及风化母质边坡采用格拉锚构支护；中部坡体主要为中风化至微风化岩质，局部存在安全隐患的已进行了喷混凝土防护。

西北侧与郁南裸露山体相交处存在大面积原露天开采遗留的迹地，有一条临时施工便道穿过该区域。裸露山体开采扰动的迹地已进行整平及放坡，新形成的土质边坡坡度在20°～45°，因排水措施不完善，面层缺少固土措施，现状水土流失严重。

坡脚下的开采迹地主要为深圳市垃圾处理厂用地，坡脚垃圾处理厂红线处已修建浆砌石挡墙，坡面的水土流失基本得到控制。

红线外治理区主要有：粪渣处理厂用地下游的裸露边坡及迹地，卫生处理厂东部人工土坝的坡面及马道，进裸露山体道路两侧山体裸露土质坡面，总面积约6万 m^2，其中土坝边坡面积10 470 m^2，马道面积1 185 m^2。现状场地内冲蚀沟发育，废弃土方堆积，需尽快进行治理（如彩图67、彩图68所示）。

10.3 方案设计原则及重点

10.3.1 设计原则

（1）因地制宜原则。生态复绿措施应根据现场实际情况合理布置，根据不同的地段的地形地质情况，分别采取相应的措施。

（2）边坡整治应遵循分类整治原则。根据边坡高度、土质、坡度和主体整治方式，对坡面进行分类，在合理控制投资的前提下，多种边坡复绿方法结合，达到复绿的目的。

（3）循序渐进原则。项目区范围大，水土流失危害多种多样，根据潜在的水土流失危害程度，应先整治土坝边坡、土质边坡和有大面积废弃土方的迹地，然后再安排石质坡面的复绿。

（4）不强求全面绿化。对于喷混凝土防护坡面、坡度大于75°的石质坡面、浆砌石或混凝土挡墙，不应强求快速绿化和全面绿化，坡面以爬藤绿化为主，其他复绿方法为辅助进行复绿。

(5)工程措施应具有耐久性和植物措施,景观影响一年内明显改善,三年后趋于自然。

10.3.2 绿化整治措施重点及难点

(1)绿化整治措施重点。本项目措施的重点是裸露山体开采边坡的景观修复和迹地、土质边坡的水土流失治理。开采边坡采用各种坡面绿化技术和工艺相结合进行修复,土坡及迹地则通过绿化造林实现生态重建,现状水土流失严重的增加工程拦挡措施或喷草等快速复绿措施(如彩图69～彩图72所示)。

(2)治理的难点。本项目治理的难点是对郁南、吉岗裸露山体遗留的石质采石边坡的治理,两个裸露山体的采石边坡较高,最大高差均超过100 m,而且大部分(中下部)边坡坡度很陡,达到60°～90°,还有个别负坡,坡面情况复杂(多为微风化花岗岩),坡面无土、缺水、水热安全性差,植被恢复的生态限制因子多,植被难以种植和生长,养护也十分困难,因此是本项目的治理难点。拟采用多种边坡治理先进技术进行综合整治,以实现业主的愿景。

10.4 生态复绿措施设计

10.4.1 设计范围

(1)郁南、吉岗两个裸露山体复绿总面积约35万 m^2,除边坡坡面、马道等边坡主体的复绿外,还包括坡脚场地厂区红线外裸露坡面或地面的复绿以及吉岗、郁南两个边坡相连处裸露山体的复绿。

(2)马道横向排水沟设计。

(3)给水滴灌系统设计。

图10-2为绿化总平面图。

10.4.2 边坡复绿方法

边坡复绿是本项目的重点及难点,采用的方法应在合理的整治成本范围内,以在本地有成功经验的技术方法为主,设计采用液压喷播、客土喷播、挂网喷混植生、挂网挂植生袋喷混植生、飘板植生槽、直接散播草种、人工植生盆、马道绿化防护、爬藤覆盖等技术进行生态治理,达到复绿要求。在施工管理中,合理安排施工单元,自上而下进行施工作业。

(1)液压喷播。液压喷播又称为水力播种,该技术是将种子、肥料、种子黏着剂、土壤改良剂等与水按一定比例在混合箱内搅匀成喷浆,通过机械加压直接喷射到边坡坡面的一种绿色护坡技术。通过喷射使坡面喷附一层结构类似于自然土壤,且能够贮存水分和养分的植物生长所需的基层材料,从而解决了边坡无法生长植物的难题,种子能够利用基质,正常发芽生长,进而达到绿化坡面的效果。本项目主要用于和采石边坡相接的缓坡、填土边坡和红线外的土质边坡及裸地等。

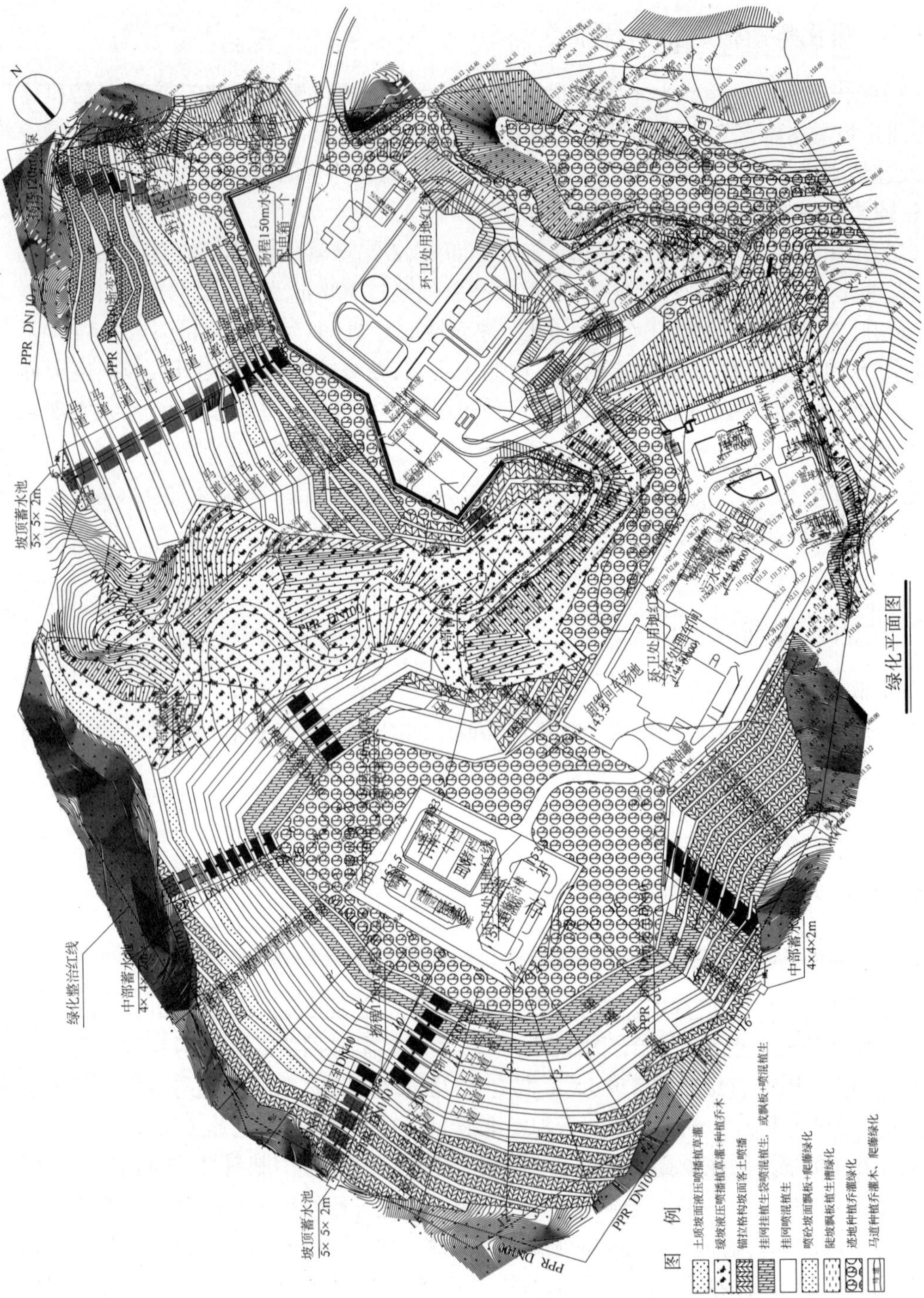
绿化平面图
坡顶蓄水池
5×5×2m
中部蓄水池
4×4×2m
绿化整治红线
图 例
土质坡面液压喷播植草灌
缓坡液压喷播植草灌+种植乔木
锚拉格构坡面客土喷播
挂网挂植生袋喷混植生，或飘板+喷混植生
挂网喷混植生
喷砼坡面飘板+爬藤绿化
陡坡飘板植生槽绿化
迹地种植乔灌绿化
马道种植乔灌木、爬藤绿化

图 10-2 绿化总平面图

（2）客土喷播。本方法应用于边坡锚拉格构支护范围，清理已完成治理的锚拉格构边坡上的碎石杂物，特别是浮石浮土，格构梁内填满土，填土中有机质含量不低于30%。将配比好的施工有机基材利用喷混机械高压喷射到施工面，形成植物生长的基质层，喷播厚度在3～5 cm，覆盖无纺布，以防雨水冲刷，后期加强养护。

（3）挂网喷混植生。本方法适用于坡面稳定的岩石边坡小于63°的坡面，这部分是本施工项目中的重点和难点之一。设计控制施工工序主要包括：①人工清坡。清理边坡上的碎石杂物，特别是浮石、浮土，同时对边坡作简易修整。虽然边坡有些凹凸不平，只要边坡不影响挂网，可不进行修整。②锚杆、挂网。人工清坡后挂镀锌铁丝网，由于坡面较陡，在坡面上铺挂铁丝网进行护坡，防止坡面坍塌，坡面越陡对锚杆挂网的要求越高。③喷混。分二层（次）喷射。第一次喷射厚度8～10 cm作为基质，以覆盖镀锌网为宜；第二次喷射用混有草种及灌木种子的混合基质材料2～3 cm。④覆盖无纺布，以防雨水冲刷，待草种功能叶生长稳定后及时撤去无纺布。⑤灌水养护。

图10-3为镀锌网大样图。

（4）挂网挂植生袋喷混植生。本方法适用于坡面稳定的岩石边坡大于63°的坡面，这部分是本施工项目中的重点和难点之一。工艺与挂网喷播法施工原理一致，施工工序上多了一道挂植生袋的工法，人工清坡、挂镀锌铁丝网、锚杆固网后，在铁丝网内侧悬挂长条形植生袋，将装好种植基质及草种的植生袋用铁丝固定在镀锌网内侧，植生袋的口径约为80 mm，长度约2 000 mm，悬挂间距约1 000 mm，然后再喷射有机基材及灌草种，由于坡面陡直，植生袋起到固定基质的作用，可有效地防止坡面基质由于坡面陡直而下滑，最后覆盖无纺布，以防雨水冲刷。

（5）飘板植生槽。本方法适用于大于63°且坡高大于8 m的陡直坡面，这部分是本施工项目中的重点和难点之一。结合挂网喷混植生和挂网挂植生袋喷混植生复绿法，在坡高8 m以上的坡面锚入钢筋，浇筑1 200 mm×600 mm的飘板植生槽，回填种植土，种植灌木及爬藤植物，达到坡面复绿的目的（见图10-4）。

（6）直接散播草种。本方法适用于平缓的土质边坡，平整坡面后在坡面起横向浅沟，直接散播草种，覆盖无纺布以防雨水冲刷，待草种功能叶生长稳定后及时撤去无纺布。本方法也适用于裸地。

（7）人工植生盆。利用坡面凹凸地形，在底部外拓平台，用砖或碎石料沿坡面砌种植槽，回填种植土、种植灌木、小乔木、爬藤等。人工植生盆绿化通常能保证长期效果，缺点是只适合不平整的坡面，本项目可在部分坡面节理发育的地段与喷混植生技术结合使用。

（8）马道绿化措施。吉岗、郁南裸露山体马道宽2～7 m，外侧砌横向排水沟，利用由主体单位设计并完成施工的马道上的外侧防护栏杆的基础向内砌排水沟挡墙，在马道上回填种植土，厚0.5～1.5 m，然后种植乔灌木进行绿化，马道底部岩石面向排水沟排水部位约2 m范围应回填10～15 cm的碎石滤水层，以满足马道上土层排水要求。土质马道可不回填碎石滤水层，马道以上3 m以内边坡，不予挂网喷混植生复绿，3年后马道乔木长势可形成绿化覆盖效果，满足边坡绿化的覆盖率要求。2～7 m马道复绿详细施工图见图10-5～图10-9。

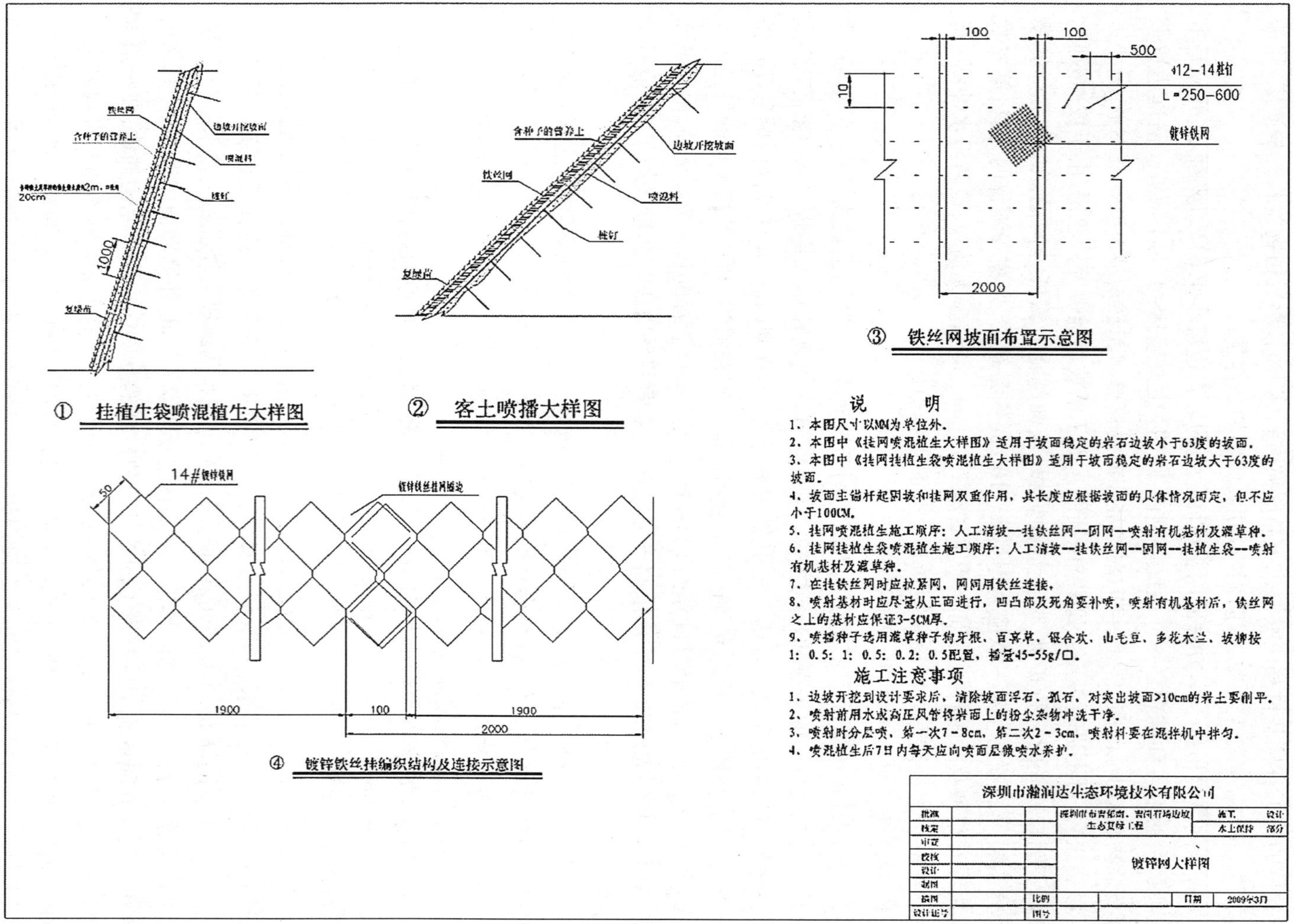
铁丝网
含种子的营养土
边坡开挖坡面
喷混料
锚钉
20cm
1000
复绿面
① 挂植生袋喷混植生大样图
含种子的营养土
边坡开挖坡面
铁丝网
喷混料
锚钉
复绿面
② 客土喷播大样图
100
100
500
10
ϕ12–14锚钉
L=250–600
镀锌铁网
2000
③ 铁丝网坡面布置示意图
14#镀锌铁网
50
镀锌铁丝挂网搭边
1900
100
1900
2000
④ 镀锌铁丝挂编织结构及连接示意图
说　明
1、本图尺寸以MM为单位外。
2、本图中《挂网喷混植生大样图》适用于坡面稳定的岩石边坡小于63度的坡面。
3、本图中《挂网挂植生袋喷混植生大样图》适用于坡面稳定的岩石边坡大于63度的坡面。
4、坡面主锚杆起固坡和挂网双重作用，其长度应根据坡面的具体情况而定，但不应小于100CM。
5、挂网喷混植生施工顺序：人工清坡—挂铁丝网—固网—喷射有机基材及灌草种。
6、挂网挂植生袋喷混植生施工顺序：人工清坡—挂铁丝网—固网—挂植生袋—喷射有机基材及灌草种。
7、在挂铁丝网时应拉紧网，网间用铁丝连接。
8、喷射基材时应尽量从正面进行，凹凸部及死角要补喷，喷射有机基材后，铁丝网之上的基材应保证3-5CM厚。
9、喷播种子选用灌草种子狗牙根、百喜草、银合欢、山毛豆、多花木兰、坡柳按1: 0.5: 1: 0.5: 0.2: 0.5配置，播量45-55g/口。
施工注意事项
1、边坡开挖到设计要求后，清除坡面浮石、孤石，对突出坡面>10cm的岩土要削平。
2、喷射前用水或高压风管将岩面上的粉尘杂物冲洗干净。
3、喷射时分层喷，第一次7－8cm，第二次2－3cm，喷射料要在混拌机中拌匀。
4、喷混植生后7日内每天应向喷面层微喷水养护。
深圳市瀚润达生态环境技术有限公司
批准
核定
审查
校核
设计
制图
描图
设计证号
深圳市布吉郁南、岩门打场边坡生态复绿工程
施工　设计
水土保持　部分
镀锌网大样图
比例
图号
日期　2009年3月

图 10-3　镀锌网大样图

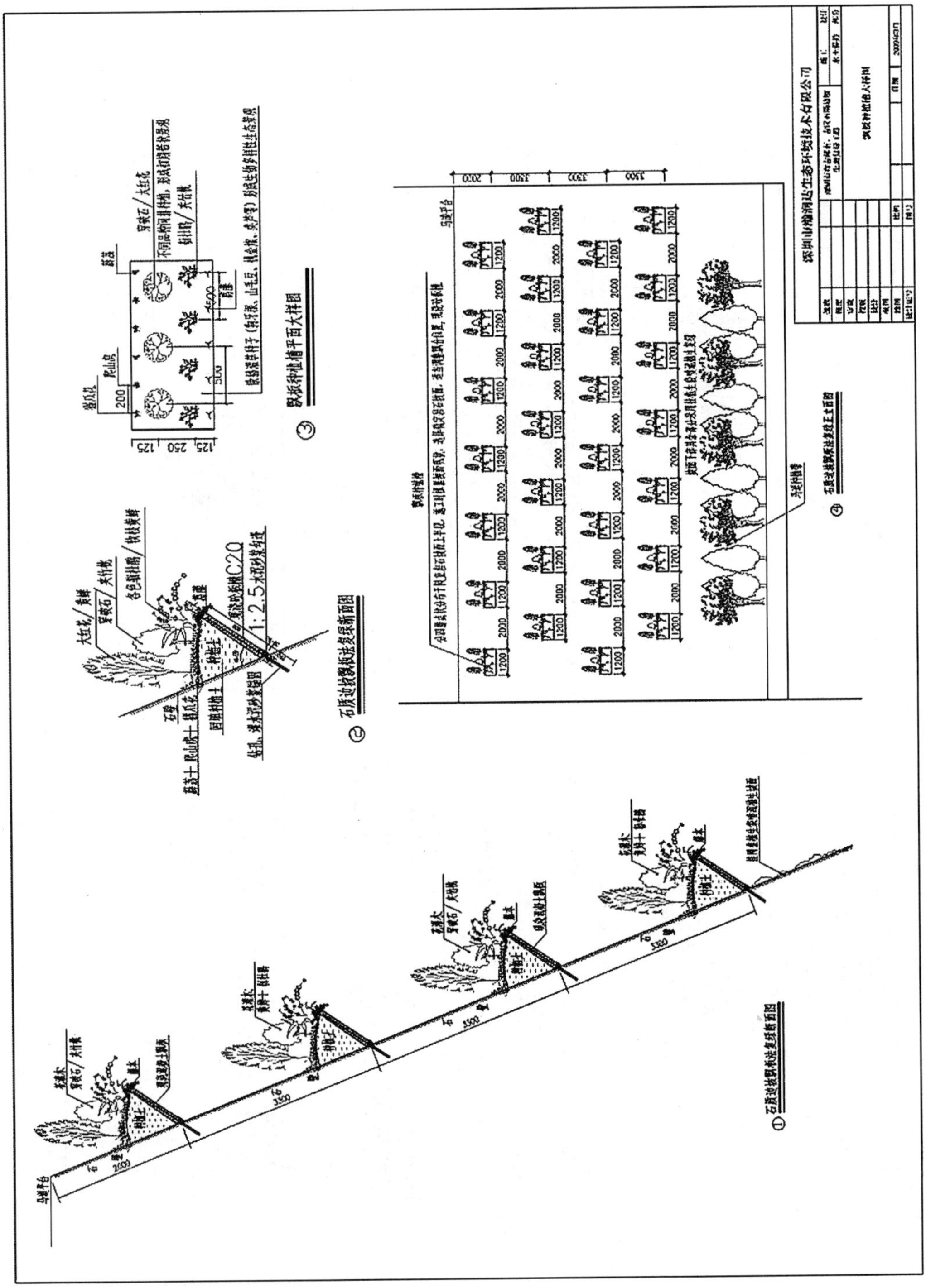

图 10-4　飘板植生槽大样图

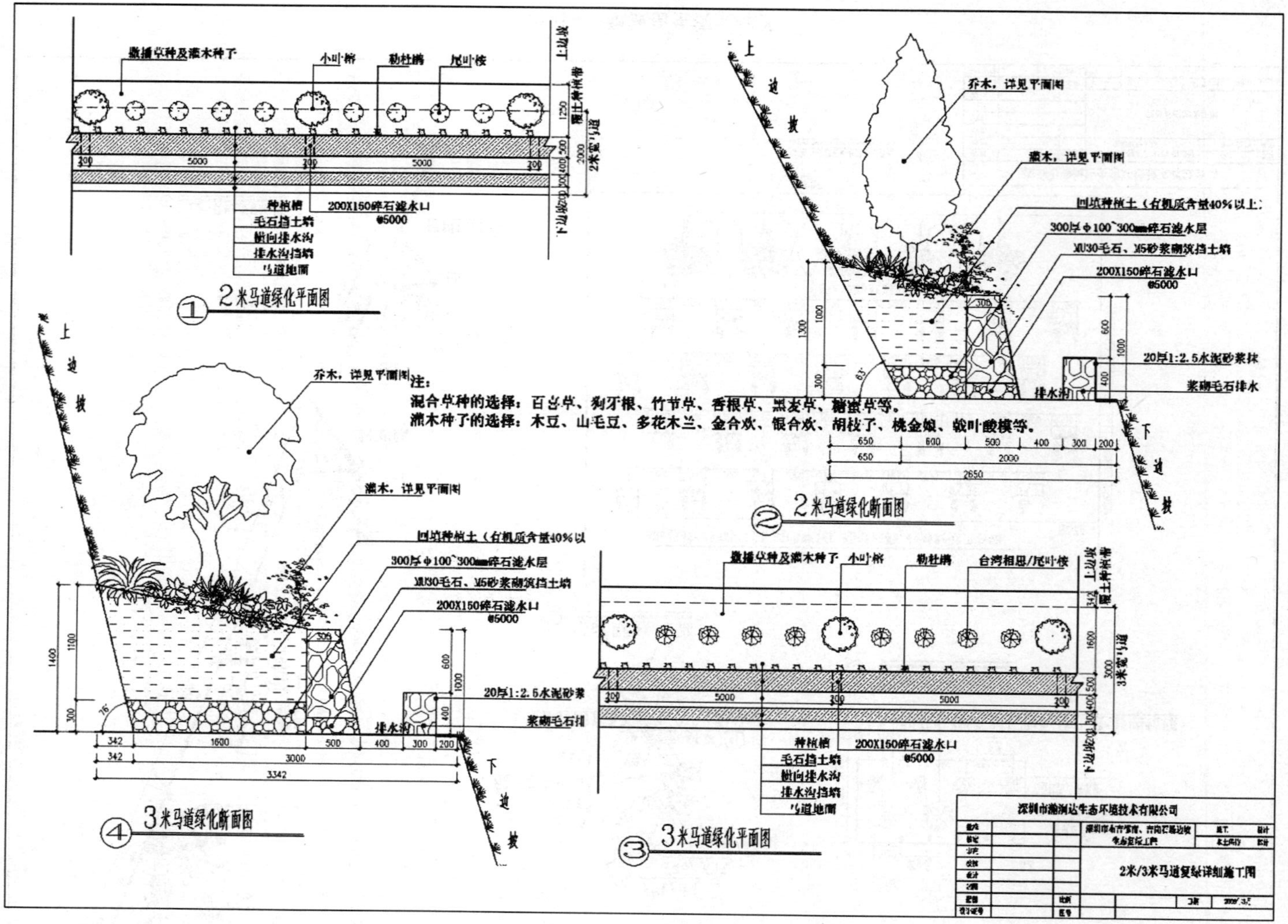

图 10-5　2 ~ 3 m 马道复绿详细施工图

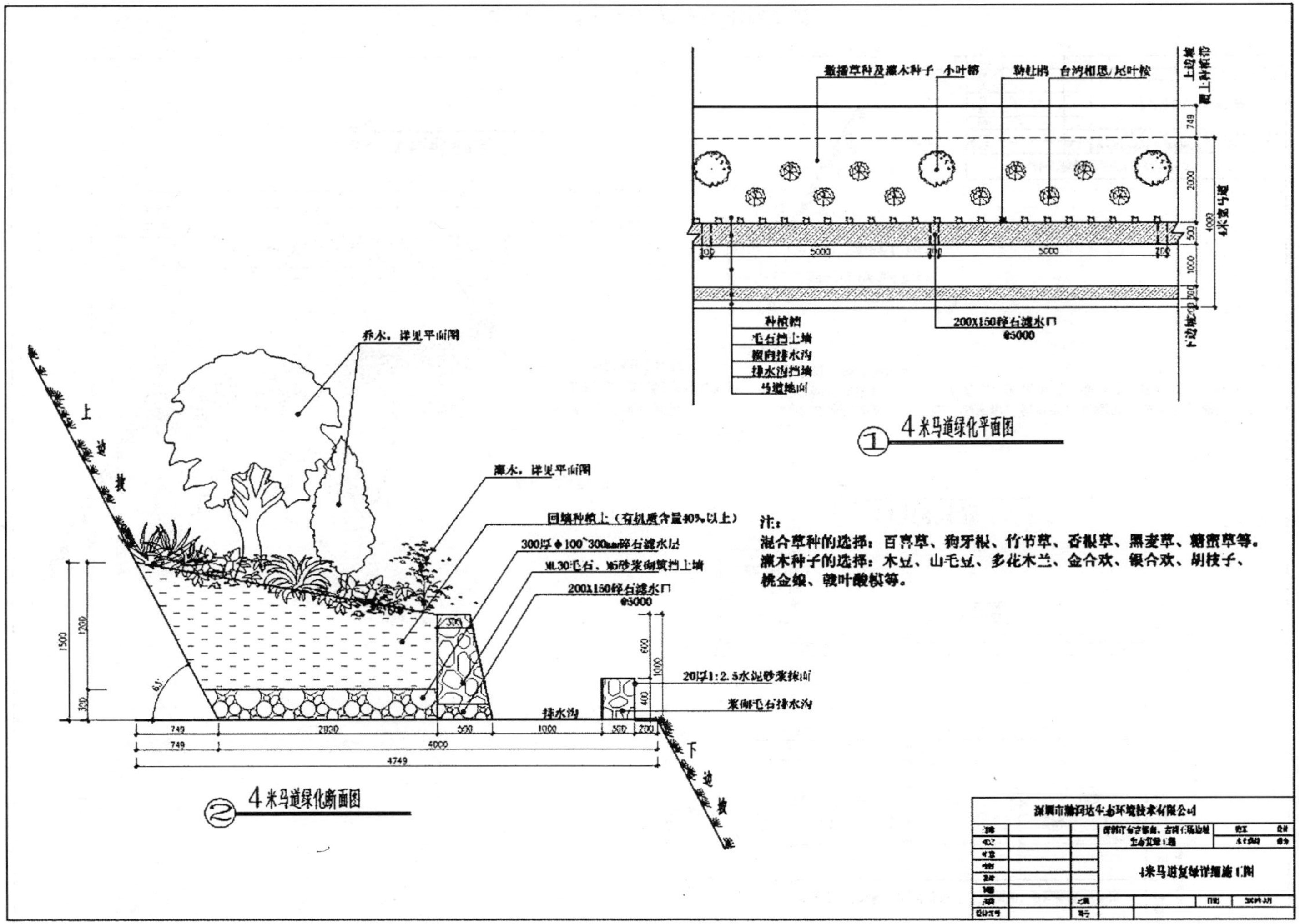

图 10-6　4 m 马道复绿详细施工图

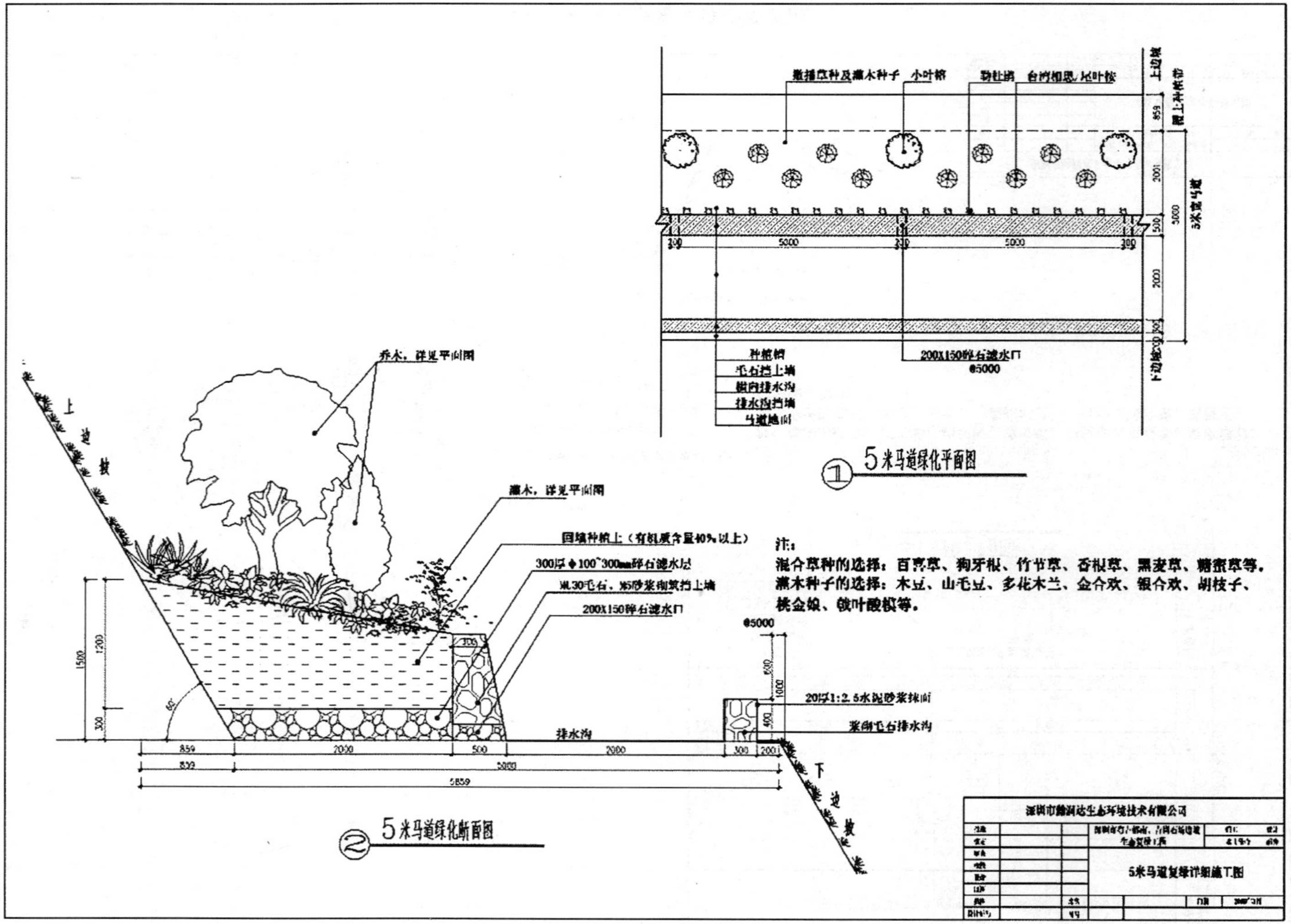

图 10-7　5 m 马道复绿详细施工图

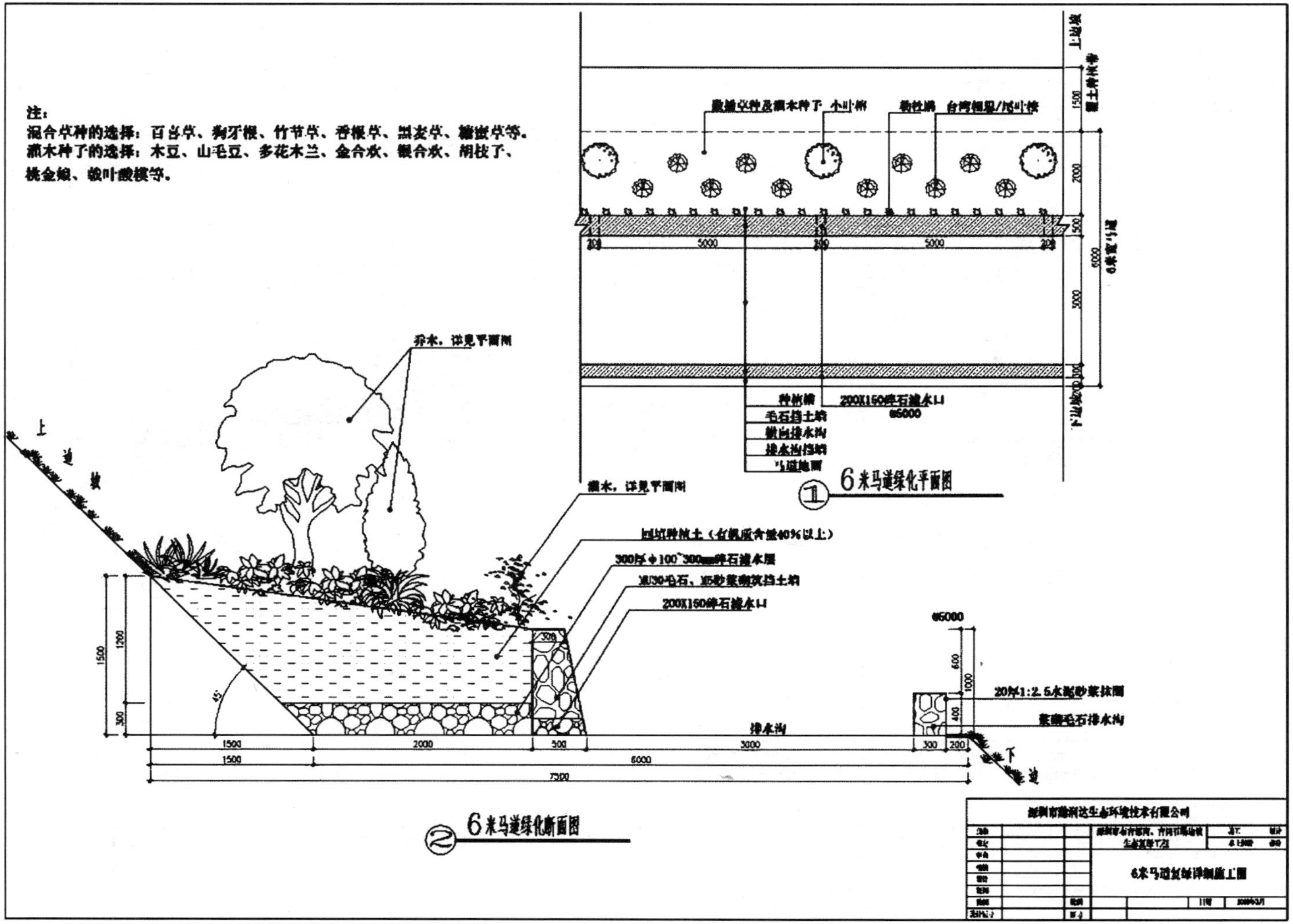

图 10-8　6 m 马道复绿详细施工图

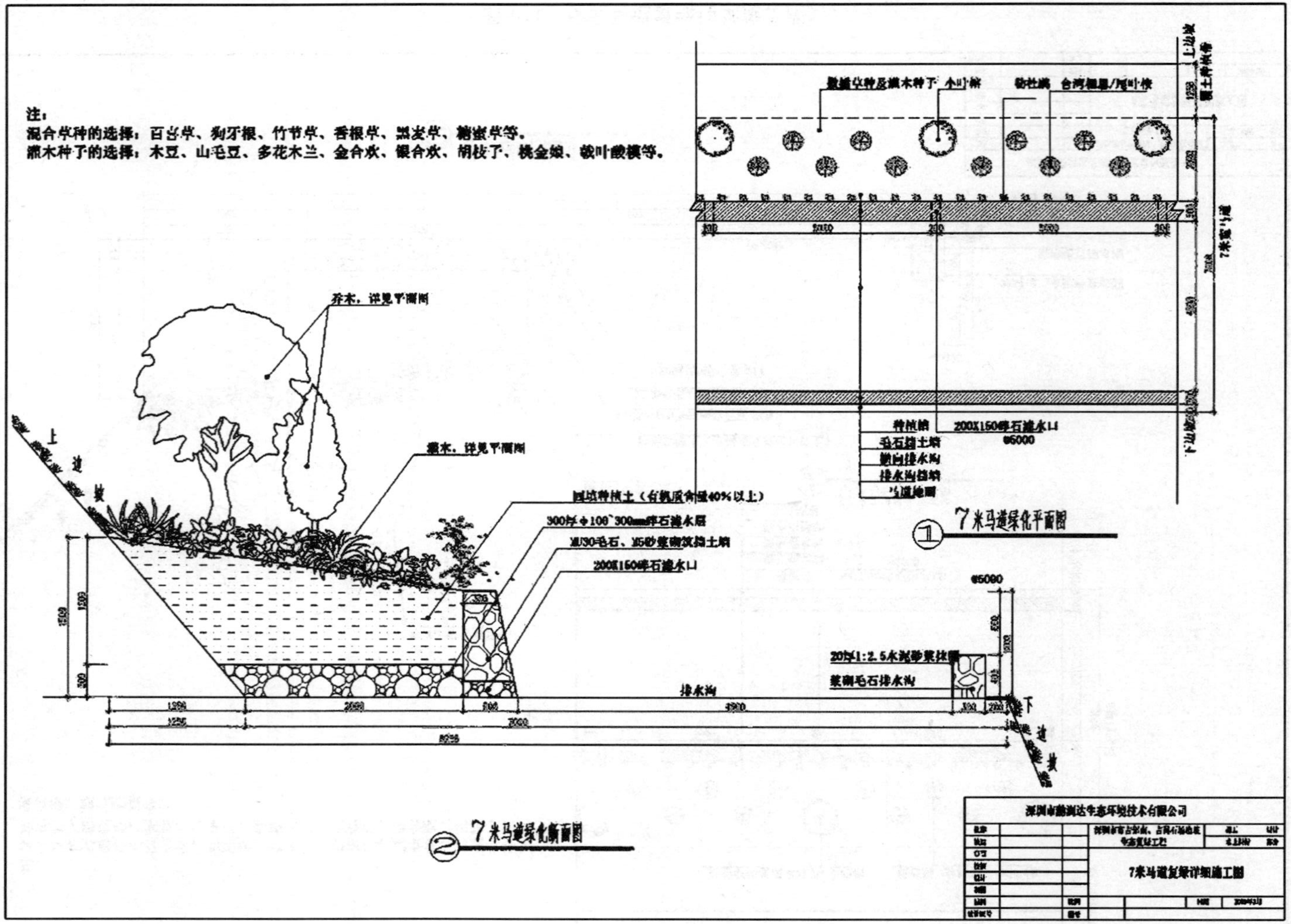

图 10-9　7 m 马道复绿详细施工图

(9)爬藤复绿措施。对于喷混凝土护坡坡面、挡土墙和部分坡度超过75°的石质边坡,难以采取喷混植生等常用的绿化技术,采用挂绿化笼砖成本又过高,因此以用爬藤上爬下挂覆盖绿化为主。其中对喷混凝土护坡和高度大于8 m的石质陡坡,除在顶部和底部种植爬藤外,在不影响边坡整体稳定的前提下,边坡中部适当增加飘板植生槽,种植藤本及花灌木。

10.4.3　迹地绿化

郁南、布吉裸露山体采石边坡以下的开采迹地大部分区域表层为石渣、石粉或风化母质,只在少部分地段有堆土,因此植物难以生长。对环卫处建设用地红线以外的迹地(包括裸露山体红线外),应先进行平整,并回填种植土,平均填土厚度不小于50 cm。回填种植土后全部种植一年生苗木,其中乔木纵横间距3 m一株,灌木间距1 m一株。迹地种植树苗不少于10万株。

10.4.4　红线外土质边坡绿化

郁南、布吉裸露山体红线外土质边坡总面积约6万m^2,包括郁南裸露山体东侧人工土坝边坡、开挖形成的矮边坡及部分废弃土方堆积形成的边坡,边坡整体土质较好。坡面采用液压喷播植草灌及撒播种子进行绿化,并适当种植一年生乔木袋苗,种植密度3 m×3 m。堆土边坡和坡度较大的自然土坡,须先进行放坡,至坡面稳定方可进行绿化。

10.4.5　马道排水沟

设计所有横向排水沟一律移到马道外侧修建。主体施工单位正在进行马道排水沟的施工,其中吉岗裸露山体马道排水沟已经完成,郁南裸露山体中上部的马道正在修建,所有横向排水沟均修建在马道内侧,为浆砌毛石排水沟,尺寸规格0.4 m×0.4 m。对于尚未修建的马道排水沟,根据坡面情况,也采用浆砌石沟,规格0.4 m×0.4 m,修建在马道外侧。马道底部岩石靠近挡土墙预留滤水口约2 m范围内,应回填15 cm左右的碎石作为滤水层,以满足马道上土层排水要求,土质马道可不回填碎石滤水层。

图10-10为排水沟断面图。

10.4.6　滴灌系统

图10-11为给水滴灌措施平面图,图10-12为蓄水池、给水、供给液体肥料、生长调节剂流程图。

10.4.6.1　**坡面给水**

给水系统设计:坡脚蓄水池水处理和提水→半坡蓄水池二次提水→坡顶蓄水池→中部蓄水池→滴灌管系统。

给水系统采用滴灌系统,从坡脚蓄水池引水至坡顶蓄水池,中部边坡较高的采取引水至半坡蓄水池再提升到坡顶蓄水池,坡顶蓄水池送水至海拔相对较低的中部蓄水池。飘板植生槽、马道绿化及迹地绿化均采取滴灌系统,坡顶及半坡蓄水池位置根据现场地质情况,选择地质稳定的平台进行修建,坡脚蓄水池位置与建设单位协调选址。

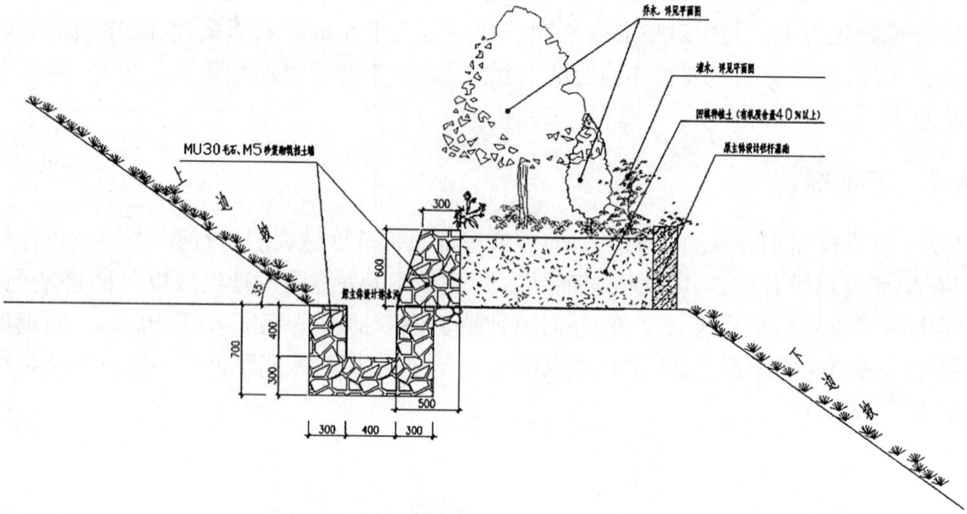

① 排水沟断面图一

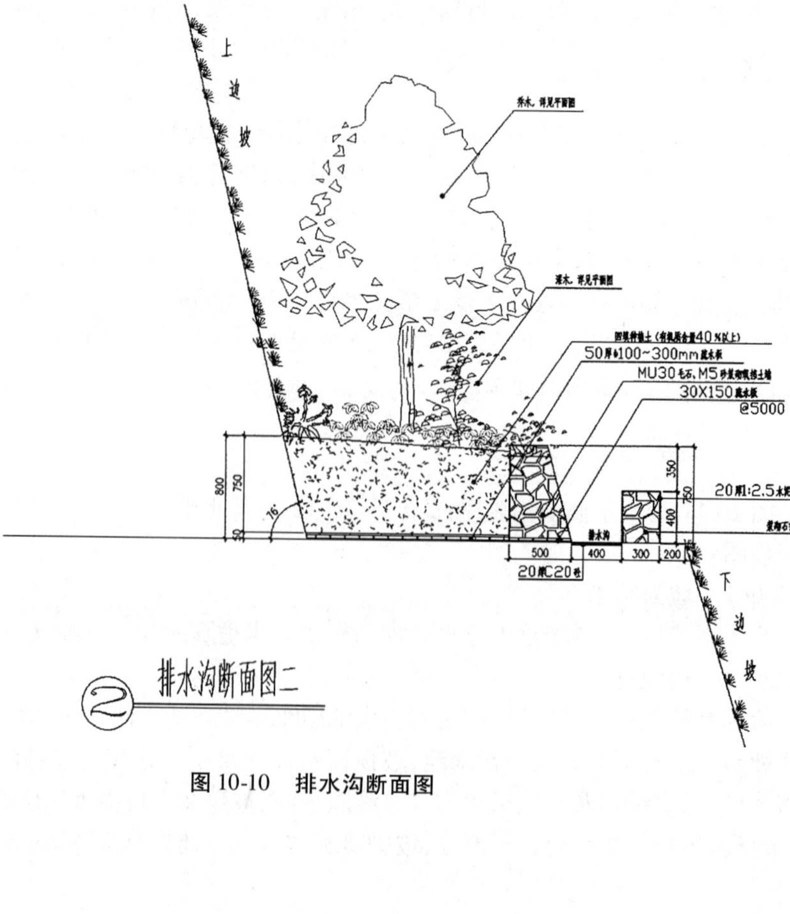

② 排水沟断面图二

图 10-10　排水沟断面图

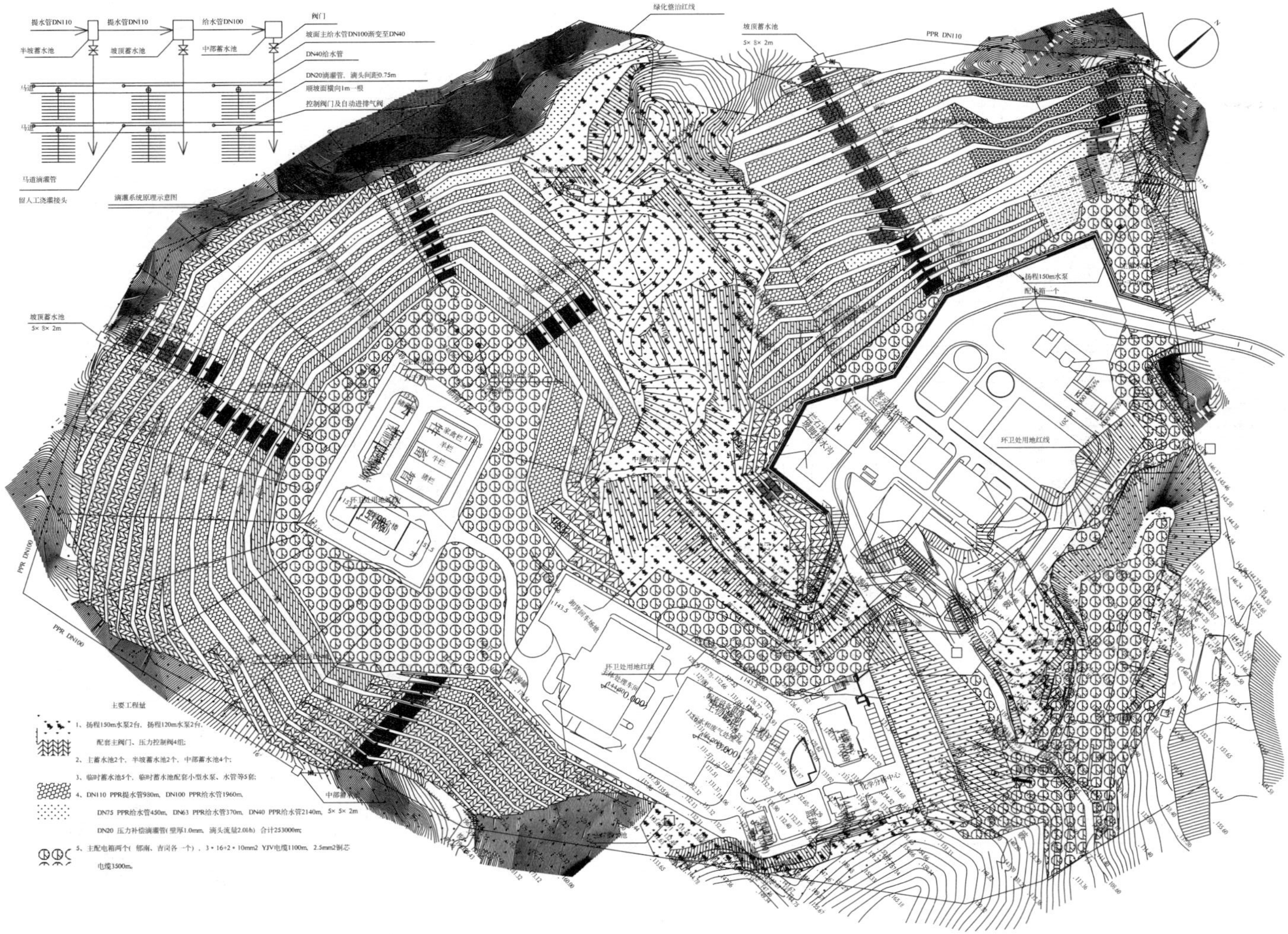

图 10-11　给水滴灌措施平面图

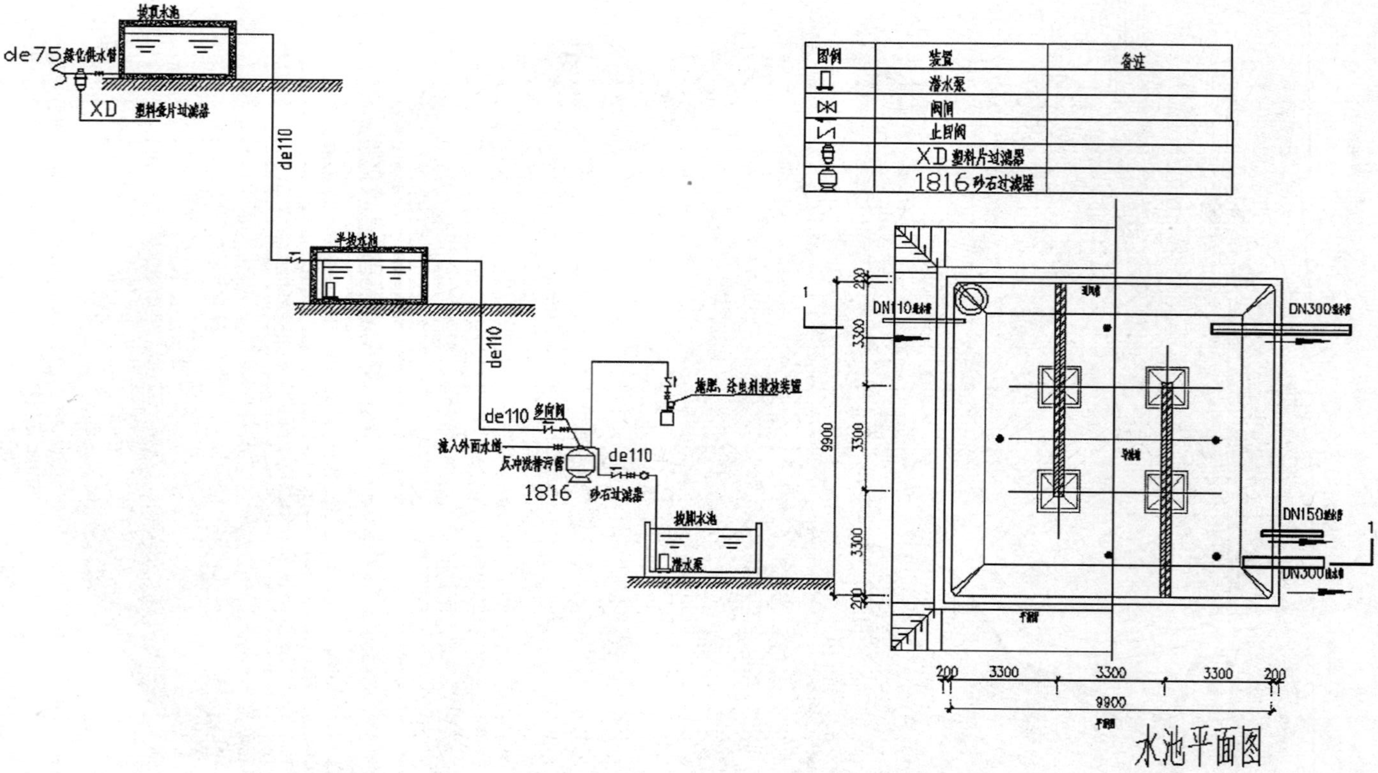

图 10-12　蓄水池、给水、供给液体肥料、生长调节剂流程图

郁南、吉岗裸露山体采石边坡坡脚各修建一个主蓄水池,蓄水量要求不小于 300 m^3,蓄水池尽可能利用裸露山体遗留的采石坑修建,本地无市政给水管道,通过蓄水池收集雨水作为日常绿化养护用水,水需经过滤等处理后应用。半坡蓄水池规格为 4 m×6 m×2 m,坡顶蓄水池规格为 5 m×8 m×2 m,郁南、吉岗各一个;中部蓄水池规格为 5 m×5 m×2 m,郁南、吉岗裸露山体各修建两个。主蓄水池用扬程 150 m 水泵抽水至半坡蓄水池,半坡蓄水池用扬程 120 m 水泵抽水至坡顶蓄水池,坡顶蓄水池用给水管送水至中部蓄水池。

提水管采用 PP－R 管 DN110;给水主管采用 PP－R 管 DN100;给水支管采用 PP－R 管 DN40;滴灌管采用 TORO 20 mm Drip－in 压力补偿滴灌管,壁厚 1.0 mm,滴头流量 2.0 L/h,滴头间距 0.75 m,滴灌管横向间距约 1.0 m,滴灌管横向间距可根据坡面坡度及绿化措施的不同作适当调整。

压力补偿滴灌管主要材质为聚乙烯,通过专用接头在 PP－R 供水支管上开孔接入,滴灌管沿种植区于坡面明设。

10.4.6.2 迹地及红线外坡面给水

迹地和下游山谷利用地形分区设置多个蓄水池收集雨水,每个蓄水池水量不少于 30 m^3。养护期迹地和红线外边坡的给水用小型抽水泵就近抽取蓄水池的水,进行人工浇灌。

10.4.7 植物选择

10.4.7.1 植物选择原则

植物尽可能选择乡土树种,以速生先锋树种为主,并兼顾中长期效果。因裸露山体的生态限制因子多,水热安全性差,所选的植物要耐瘠薄、耐干旱、抗逆性强,马道及坡面种植的乔灌木还需耐炎热和有较强的抗风性能。

本项目因处在卫生处理厂旁边,选择的植物还需对有毒气体有较强的吸附功能和抗污染的能力。

植物类型采用灌、草、藤立体配植,有条件的地段增加乔木。以生长快速的草本作为先锋植物,以灌木、乔木、藤本保证中长期效果和立体生态功能。植物品种豆科与非豆科植物相结合,选择 20%～30% 的豆科植物,利用豆科植物的固氮功能保证长期的营养供给,并改良土壤,实现治理措施的可持续发展。

10.4.7.2 采石边坡及马道植物选择

混合草种选择:百喜草、狗牙根、竹节草、香根草、糖蜜草、黑麦草、类芦等。

喷播灌木种子选择:木豆、山毛豆、多花木兰、美国刺、银合欢、胡枝子、桃金娘等。

马道灌木选择:马道撒播木豆、山毛豆、多花木兰、金合欢、银合欢、胡枝子、桃金娘、戟叶酸模等灌木种子,靠外侧挡墙处种植勒杜鹃一排,种植间距 0.5 m。

藤本植物选择:爬山虎、葛藤、辟荔、油麻藤等。

马道乔木的选择：小叶榕（胸径为2～3 cm，耐瘠薄、耐旱、抗风性强，对有毒气体有较强吸附性），每隔5 m种植一株；种植速生乔木尾叶桉（选用一年生苗）、台湾相思（有一定抗风性能，一年生苗），种植间距1.5 m×1.5 m，尾叶桉和台湾相思按照1∶1的比例种植。

飘板植生槽植物选择：勒杜鹃、矮紫薇、大红花、黄婵等，每个飘台种植勒杜鹃2株，其他灌木3株，爬藤15袋。

10.4.7.3　土质缓坡、填土边坡、迹地植物选择

乔木选择：小叶榕、台湾相思、木荷（防火树种，对土壤适应性强）、山杜英（二氧化硫抗性强，本地自然山体常见植物）、凤凰木（耐旱，前期生长较快，根系有固氮根瘤菌，可节省肥料的施用）、大叶樟（亚热带常绿阔叶林的代表树种，本项目只种植在土层较厚的地块）。除小叶榕外均为一年生苗，小叶榕、台湾相思、木荷、山杜英、凤凰木、大叶樟按照2∶2∶1∶1∶1∶1的比例混种。乔木种植间距3 m×3 m。

灌木选择：勒杜鹃、桃金娘、夹竹桃（吸附汞、二氧化硫）、大红花、红绒球等，种植间距1 m×1 m。

10.4.8　高边坡的安全施工方案

郁南采石边坡最高达200 m，吉岗采石边坡高达130 m，高差大、坡度陡、坡面情况复杂。施工安全措施是项目施工首先必须注意的事项。

（1）劳保措施。施工作业人员必须配备安全帽、安全带、安全绳、防滑鞋、劳保手套等各项防护措施。

（2）合理安排施工工序。先对边坡进行全面清理后，才能开始坡面作业施工；坡面绿化措施施工由上级坡面往下级坡面施工；设置多个专职安全员，每次施工前都对坡面状况和安全措施情况做全面检查，确定安全后方可开始坡面作业。

（3）搭设脚手架。因坡高且陡，所有有条件的坡面，在施工前均要求搭设脚手架，以保证施工安全。

脚手架大样图见图10-13。

（4）制定专项施工方案。对不同的边坡治理措施分别制定专门的施工方案，并针对每项施工方案的特点对所有作业人员进行培训，未经培训的人员不得上岗。

（5）其他安全措施。配备专职的水电、施工机械操作员，保留现有施工便道，有需要的地段增加开凿临时施工便道，以方便施工作业。其他未尽的安全措施根据现场具体制定。

10.4.9　施工协调及配合

边坡主体整治工程尚未完工，环卫处厂房建设也正在进行，绿化整治施工必然有大面积的交叉施工，施工期应加强与其他施工单位的协调。

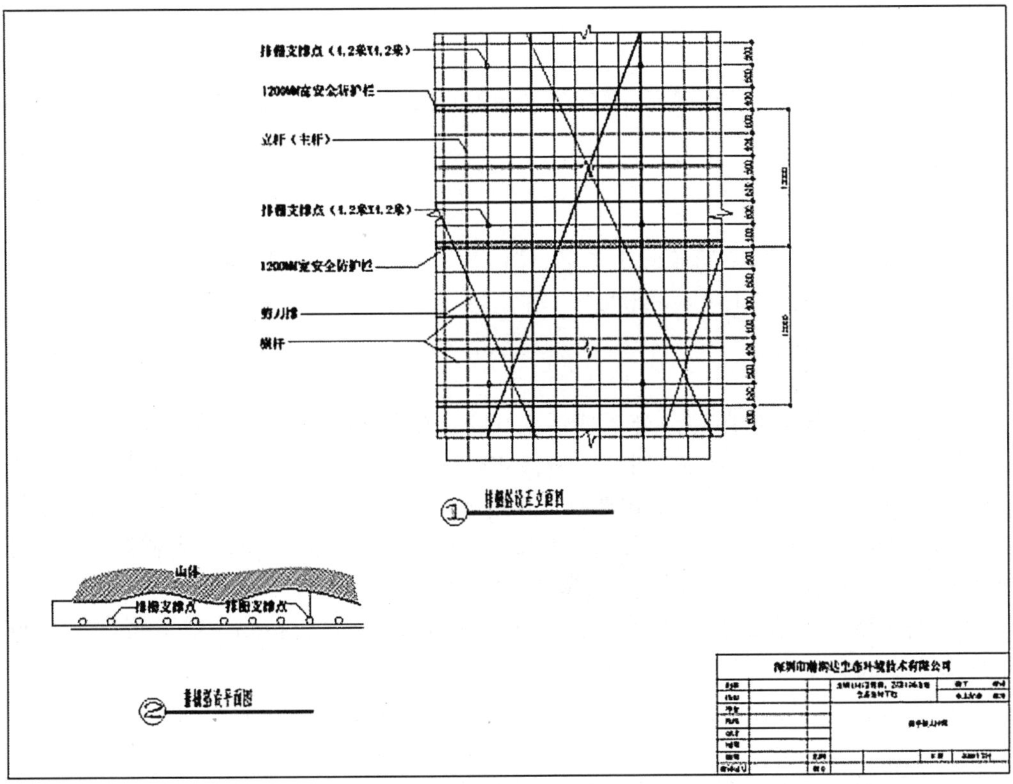

图 10-13　脚手架大样图

10.5　养护措施

养护措施具体包括：

（1）前期养护 1 年，即成活期养护 3 个月，日常养护 9 个月，养护内容有浇水、施肥、补植、病虫害防治等。

（2）后期养护 2 年。养护内容是干旱季节补水，适当施肥，同时经常检查，疏通排水沟，清理死树，及时补植，做好病虫害防治工作。

（3）管护期结束后实行全封禁育林，树立永久性水土保持生态保护标志牌，严禁人为破坏。

10.6　验收标准

10.6.1　施工阶段

验收标准按照《城市绿化工程施工及验收规范》（CJJ/T 82—99）、《建筑工程施工质量验收评定统一标准》（GB 50300—2001）。

10.6.2 工程措施

3 年之后所有复绿措施(挂网、飘板植生槽等)保持完好,安全稳定,没有崩塌;植物措施具有自我修复能力。

10.6.3 水土保持

有效控制水土流失,整治验收 1 年后,侵蚀模数小于 200 t/(km·a)并符合《水土保持工程质量评定规程》(SL 336—2006)。

10.6.4 绿化效果

(1)马道上乔木长势良好,1 年后成活率 95%,苗高 200 cm 以上,冠幅 60 cm 以上且分布均匀;3 年后乔木保存率 90% 以上,树高 400 cm 以上,冠幅 100 cm 以上且分布均匀,乔木总数不得少于 12 000 株。灌木要求 1 年后成活率达 95% 以上,苗高 50 cm,冠幅直径 30 cm 以上且均匀分布;3 年后要求高度 1.2 ~ 1.5 m,成活率 95%,灌木总数不少于 100 000 袋。其他裸露面全部喷草覆盖,覆盖率达 95%。

(2)每个飘台种不少于 2 株大灌木、2 株小灌木、15 袋攀爬植物。飘台密度:100 m^2 内有 12 个 1 200 mm×600 mm 的飘台。

(3)边坡绿化(混喷)的灌草覆盖率达到 95%,攀缘植物 3 年后覆盖率达到 90% 以上,攀缘长度 5 m 以上。

(4)客土喷播灌草覆盖率达 95%,灌木密度控制在每平方米 1 株。

(5)厂区红线外至坡脚空地全部种植 1 年生苗木,纵横间距 3 m 1 株,灌木间距 1 m 1 株;灌木要求 1 年后成活率达 95% 以上,苗高 50 cm,冠幅直径 30 cm 以上且均匀分布;3 年后要求高度 1.2 ~1.5 m,成活率 95%,灌木总数不少于 100 000 袋。其他裸露面全部喷草覆盖,覆盖率达 95%。

(6)人工土坝坡面全部绿化(混喷)的灌草覆盖率达到 95%,攀缘植物 3 年后覆盖率达到 90% 以上,攀缘长度 5 m 以上。

10.6.5 灌溉

给水系统投入使用,能保证日常养护需求,吉岗裸露山体边坡滴灌系统 22 套,郁南裸露山体边坡滴灌系统 31 套。

10.6.6 标志

树立永久性水土保持生态保护标志牌,严禁人为破坏。

10.7 工程量及投资估算

10.7.1 工程量

郁南、吉岗裸露山体边坡整治绿化工程主要工程量见表 10-1。

表 10-1 深圳市布吉郁南、吉岗裸露山体边坡整治绿化工程主要工程量

序号	项目名称	单位	工程量	备注
一、	岩质边坡			
1	人工清坡	m^2	99 262	
2	挂网喷混植生	m^2	40 357	
3	挂网喷混植生+挂植生袋	m^2	11 500	
4	喷混凝土坡面爬藤绿化	m^2	8 780	上垂下爬,坡面有条件则建种植槽
5	飘板种植槽	个	4 635	12 个/100 m^2
二、	锚拉格构坡面			
1	人工清坡	m^2	31 536	
2	填土、运土	m^2	31 536	含有机质土含量不低于 30%
3	客土喷播	m^2	31 536	
三、	马道	m^2	28 153	
1	运土、填土	m^2	28 153	回填土深 0.5~1.5 m
2	马道排水沟	m	3 252	
3	排水盲沟	个	589	回填碎石做滤水层
4	马道种植槽挡土墙	m	6 085	M7.5 浆砌石挡土墙
5	撒播草灌木种子	m^2	28 153	
6	种植乔木小叶榕(φ2~3 cm)	株	1 786	
7	种植乔木尾叶桉(H40~50 cm)	袋	5 158	
8	种植乔木台湾相思(H40~50 cm)	袋	5 158	
9	种植灌木勒杜鹃(H20~30 cm)	袋	18 260	冠幅 20~30 cm
四、	土质坡面液压喷播植草灌	m^2	21 725	35°及以上
五、	缓坡、弃土坡	m^2	43 113	35°以下
1	人工撒播草灌木种子	m^2	43 113	
2	种植乔木小叶榕(φ2~3 cm)	株	1 197	
3	种植乔木台湾相思(H40~50 cm)	袋	1 197	
4	种植乔木木荷、山杜英、大叶樟、凤凰木	袋	2 396	均为 1 年生苗,苗高 40~50 cm,每种各种植 599 株
5	栽植灌木:勒杜鹃(H20~30 cm)	袋	7 665	冠幅 S20~30 cm
6	栽植灌木:夹竹桃(H30~40 cm)	袋	7 665	
7	栽植灌木:红绒球(H30~40 cm)	袋	7 665	
8	栽植灌木:大红花(H40~60 cm)	袋	7 665	

续表 10-1

序号	项目名称	单位	工程量	备注
9	植灌木:桃金娘(H25~35 cm)	袋	7 665	
六、	迹地绿化	m^2	42 500	包括红线外平地,红线外边坡归入四、五项
1	回填种植土	m^2	21 250	
2	种植乔木小叶榕(ϕ2~3 cm)	株	1 181	
3	种植乔木台湾相思(H40~50 cm)	袋	1 181	
4	种植乔木木荷、山杜英、大叶樟、凤凰木	袋	2 360	均为1年生苗,苗高40~50 cm,每种各种植590株
5	栽植灌木:勒杜鹃(H20~30 cm)	袋	7 556	冠幅20~30 cm
6	栽植灌木:夹竹桃(H30~40 cm)	袋	7 556	
7	栽植灌木:红绒球(H30~40 cm)	袋	7 556	
8	栽植灌木:大红花(H40~60 cm)	袋	7 556	
9	栽植灌木:桃金娘(H25~35 cm)	袋	7 556	
七、	给水滴灌系统			
1	主蓄水池	个	2	
2	坡面蓄水池	个	8	4 m×6 m×2 m两个,5 m×8 m×2 m两个,5 m×5 m×2 m两个
3	临时蓄水池	个	5	约4 m×4 m×2 m
4	DN110 PPR提水管	m	700	
5	DN100 PPR给水管	m	1 500	
6	DN75 PPR给水管	m	450	
7	DN63 PPR给水管	m	370	
8	DN40 PPR给水管	m	1 500	
9	DN20压力补偿滴灌管	m	180 000	壁厚1.0 mm,滴头流量2.0 L/h
10	主配电箱	个	2	
11	水泵	台	4	扬程150 m两台,扬程120 m两台
12	3×16+2×10 mm^2 YJV电缆	m	1 250	套管DN32 PVC穿线管
13	2.5 mm^2铜芯电缆	m	4 300	套管DN20 PVC穿线管
八、	养护	年	3	所有绿化措施养护3年
九、	水土保持标志牌	个	2	

注:表中工程量为估算值,结算时应以现场实际测量的工程量为准。

10.7.2 投资概算

本工程概算总投资为1 260.67万元(见表10-2),其中工程措施费1 123.02万元(见表10-3),施工临时措施费、安全文明措施费及脚手架费55.09万元,各项规费合计43.24

万元,税费 39.33 万元。

表 10-2　工程费用汇总表

序号	单位工程名称	金额(元)
一、	分部分项工程量清单计价合计	11 230 213.84
二、	措施项目清单计价合计	520 893.00
1	临时设施费	122 800.00
2	文明施工费	24 031.00
3	安全施工费	38 062.00
4	二次搬运费	110 000.00
5	脚手架	226 000.00
三、	规费(一+二)×3.67%	432 366.62
1	工程定额测定费(一+二)×0.1%	11 781.11
2	社会保险费(一+二)×3.24%	381 707.86
3	工程排污费(一+二)×0.33%	38 877.65
四、	不含税工程造价(一+二+三)	12 213 473.46
五、	税金[(五)=(四)×税金的费率(%)]	393 273.85
六、	含税工程总造价[(六)=(四)+(五)]	12 606 747.31
	合　计	12 606 747.31

表 10-3　主要分项工程计价表

序号	项目名称	计量单位	工程量	金额(元)	
				单价	合价
一、	岩质边坡				6 095 306.04
1	人工清坡	m^2	99 262	1.12	111 173.44
2	挂网喷混植生	m^2	40357	68.9	2 780 597.3
3	挂网喷混植生+挂植生袋	m^2	11 500	79.3	911 950
4	喷混凝土坡面爬藤绿化	m^2	8 780	10.6	93 068

续表 10-3

序号	项目名称	计量单位	工程量	金额	
				单价	合价
5	飘板种植槽	个	4 635	187.6	869 526
6	养护 3 年	m^2	92 254	7.95	733 419.3
二、	锚拉格构坡面				1 484 399.52
1	人工清坡	m^2	31 536	0.83	26 174.88
2	填土、运土(有机质土含量不低于30%)	m^2	31 536	6.79	214 129.44
3	客土喷播	m^2	31 536	26.1	823 089.6
4	养护 3 年	m^2	31 536	5.4	170 294.4
三、	马道	m^2			1 922 940.37
1	运土、填土	m^2	28 153	15.26	429 614.78
2	马道排水沟	m	3 252	79.8	259 509.6
3	排水盲沟(回填碎石做滤水层)	个	589	97	57 133
4	马道种植槽挡土墙(M7.5 浆砌石)	m	6 085	82.8	503 838
5	撒播草灌木种子	m^2	28 153	4.5	126 688.5
6	马道种植乔、灌木	m^2	28 153	6.349 6	178 759.84
7	养护 3 年	m^2	28 153	5.1	143 580.3
四、	采石边坡滴灌系统	m^2	151 943	7.95	1 207 946.85
五、	土质坡面(35°以上)	m^2	21 725		284 597.5
1	液压喷播植草灌	m^2	21 725	8.6	186 835
2	养护 3 年	m^2	21 725	4.5	977 62.5
六、	缓坡(35°以下)、弃土坡	m^2	43 113		649 703.53
1	人工撒播草灌木种子	m^2	43 113	4.5	194 008.5
2	种植乔、灌木	m^2	43 113	10.569 8	455 695.03
3	养护 3 年	m^2	21 725	4.2	181 074.6
七、	迹地绿化(包括红线外的平地)	m^2	42 500		783 266.88
1	迹地种植乔、灌木	m^2	42 500	14.829 8	630 266.88
2	养护 3 年	m^2	42 500	3.6	153 000
八、	水土保持标志牌	个	2	5 000	10 000
九、	合计				11 230 213.84

第11章　裸露山体治理工程验收

11.1　验收条件

(1)施工单位按照经评审、批准的设计文件和施工合同要求,已全面完成了各项工程内容。

(2)各单位、分部、分项工程,均已由施工单位进行了自检,隐蔽的分部、分项工程已通过中间验收,且都符合设计、合同和有关规范的要求。

(3)各类工程结构,均按设计要求通过了现场试验检测,涉及结构安全的试块(件)、种子发芽率以及相关材料已按规定进行了见证取样检测,有真实、齐全的测量数据和文字记录。

(4)验收必备的技术资料和相关图件已经齐备,并按要求进行了整理。验收必备的技术资料主要包括:①投标文件和中标通知;②施工组织设计;③定位测量、放线记录;④原材料出厂合格证书及进场检(试)验报告、基质配合比实验报告;⑤施工试验、见证取样检测报告;⑥施工记录;⑦隐蔽工程验收记录;⑧工程质量事故和事故处理记录;⑨设计变更和工程变更洽商记录;⑩单位、分部、分项工程质量检验评定资料;⑪竣工图;⑫工程竣工报告;⑬工程监理报告;⑭工程预决算书。

11.2　验收依据

(1)有效的施工图纸及说明,包括设计和监理单位签发的设计变更通知。

(2)施工合同。

(3)上级主管部门批准的设计任务书。

(4)国家或行业施工验收规范、专业技术规范和质量评定标准。

(5)政府颁发的有关法规与技术标准要求。

(6)边坡稳定性治理工程、绿化效果监测成果。

11.3　验收程序及相关规定

11.3.1　验收程序

(1)施工单位组织专业技术人员对照依据和标准,对完成的工程进行全面认真的自查自检,自认工程已符合要求、具备交验条件时,可向项目承担单位申请工程竣工验收,同时递交工程竣工报告。

(2)根据整治工程特点,验收一般分两步进行:

第一步:在完成边坡稳定性治理和地面土地整治与复垦工程之后、生态环境治理之前进行,主要对完成的各单位工程进行验收;

第二步:在对边坡植被停止人工养护(不再浇水、施肥和病虫害防治)满1年后进行,主要对治理后的边坡稳定性、植被生长、绿化景观效果等方面进行综合评价和验收。

(3)验收合格后,由验收方签发工程竣工验收意见,之后可转入工程交接、收尾工作。

(4)项目承担单位在验收合格30天内,将工程竣工验收报告和有关文件,报当地主管部门备案。

(5)验收形式可根据工程性质分步、分阶段进行资料验收和现场验收,隐蔽工程以资料验收为主。

11.3.2 资料验收

资料验收采取审阅、核对、验证的方法,验收时应注意以下事项:

(1)资料所列数据、图表和有关结论,是否与工程实际相符。

(2)资料是否完整,是否与有关规定、要求相符。

(3)工程现场验收,采用直观检查的方法,实测、核查关键数据等,检验其质量和数量、功能和性能。

(4)正式竣工验收,采取会议形式进行。应先听取施工单位汇报施工情况、自检结果和准备工作,监理单位汇报监理工作情况。随后,验收组织分组进行竣工验收资料审查。

(5)工程验收方在听取各验收成员对工程检查情况的汇报,听取勘查、设计、施工、监理、质检单位的意见,经专家、成员认真讨论后,应形成明确的工程验收意见。若同意验收,应办理工程竣工验收证明书。若未能通过验收,应将存在问题通知监理单位和施工单位,限期整改后再进行复验。

(6)工程竣工验收前,项目承担单位可根据合同确定的金额预留工程质量保证金,竣工验收质量合格后付给。

11.4 主要单位工程质量检验技术要求

11.4.1 坡率法

11.4.1.1 质量检验

(1)检验内容:包括边坡的坡度,台阶高度、宽度,台阶坡面角及排水系统的平面位置。

(2)检验项目:边坡的坡度,台阶高度、宽度,台阶坡面角等项目。

11.4.1.2 质量评定标准

保证项目:①边坡的坡度,台阶高度、宽度,台阶坡面角及排水系统的平面位置必须符合设计要求和规范规定。②沿台阶设置的横向排水沟应与坡面纵向排水沟相通。

11.4.1.3 **允许偏差项目**

按表11-1规定执行。

表11-1 坡率法允许偏差项目

序号	检查项目	允许偏差	检查方法
1	台阶高度	-300 mm	经纬仪或尺量,每个台阶检验3处
2	台阶宽度	+300 mm	
3	边坡坡度和台阶坡面角	±0.5°	经纬仪或坡度尺,每间隔20 m测1次

11.4.2 抗滑桩

11.4.2.1 **质量检验**

检验项目:①桩孔开挖:桩孔开挖中心位置、开挖断面尺寸、孔底高程、孔底浮土厚度、桩周土与滑带土等项目。②护壁:混凝土强度、混凝土与围岩的结合情况、护壁后净空尺寸、壁面垂直度。③桩身:钢筋配置、钢筋笼焊接、竖向主钢筋的搭接位置、主筋间距、箍筋间距、混凝土种类、混凝土强度、混凝土密实度、混凝土与护壁的结合情况、桩顶高程等。

11.4.2.2 **抗滑桩的整体桩身质量检测**

抗滑桩检测数量按表11-2规定执行。

表11-2 抗滑桩检测数量

序号	用途	检验数量		检测方法
		占总桩数(%)	最少数	
1	建设用地	8	4	动力检测或钻孔取芯检测
2	农、林、渔等其他用途	3	2	动力检测或钻孔取芯检测

11.4.2.3 **质量评定标准**

保证项目:①成桩深度、锚固段长度和桩身断面必须达到设计要求。②实际浇筑混凝土体积严禁小于计算体积,桩身连续完整。③原材料和混凝土强度必须符合设计要求和有关规范的规定。④钢筋配置数量应符合设计要求,竖向主钢筋或其他钢材的搭接应避免设在土石分界和滑动面处。

11.4.2.4 **允许偏差项目**

抗滑桩允许偏差按表11-3规定执行。

11.4.3 预应力锚索

11.4.3.1 **质量检验**

(1)检验内容:包括锚孔、锚索杆体的组装与安放、注浆、张拉与锁定等。

(2)检验项目:①锚孔。孔位、孔径、锚固角度、内锚固段长度等项目。②锚索杆体的组装与安放。钢绞线强度、钢绞线配置、杆体长度、架线环密度、采用钢绞线时应无接头。③注浆。砂浆配合比、强度、注浆管的插入深度等。④张拉与锁定:外锚墩混凝土强度、钢垫板平面与孔轴线垂直情况、张拉荷载、锁定荷载、锚具、锚具保护层等项目。

表 11-3　抗滑桩允许偏差项目

序号	检查项目	允许偏差	检查方法
1	桩位	±100 mm	每桩,经纬仪测、尺量
2	桩身断面尺寸	-50 mm	尺检,每桩上、中、下部各计 1 点
3	桩的垂直度	H≤5 m,50 mm;H>5 m,0.01H但不大于 250 mm	每桩吊线测量
4	主筋间距	±20 mm	每桩 2 个截面,尺量
5	箍筋间距	±10 mm	每桩 5 ~ 10 个间距,尺量
6	保护层厚度	±10 mm	每桩沿护壁检查 8 处,尺量

(3)每一个独立的滑坡防治工程均应进行锚索承载力检验。宜随机抽取总数的 10% ~ 20% 进行超张拉检验,张拉力为设计锚固力的 120% 。若工程重要,可对所有锚索进行设计锚固力的 120% 超张拉检验。

(4)锚索质量合格条件:所试验锚索的锚固力应达到设计锚固的 120% 以上。

(5)当设计对锚索有特殊要求时可增加相应的检查验收试验。

11.4.3.2　质量评定标准

保证项目:①孔径、内锚固段长度、钢铰线强度、钢铰线配置、杆体长度、砂浆强度必须达到设计要求;②单根钢铰线不允许断丝;③承载力检验用的千斤顶、油表、钢尺等器具应经检查校正;④锚具应经检验合格方可使用;⑤承载力必须符合有关规定;⑥锁定荷载应符合设计要求。

11.4.3.3　允许偏差项目

预应力锚索允许偏差按表 11- 4 规定执行。

表 11- 4　预应力锚索允许偏差项目

序号	检查项目		允许偏差	检查方法
1	孔距误差	水平方向	±50 mm	全部,经纬仪、钢尺测量
		垂直方向	±100 mm	全部,水准仪、钢尺测量
2	锚固角度		<2.5°	全部,钻孔测斜仪

11.4.4　格构锚固

11.4.4.1　质量检验

(1)检验内容:包括块石、砌筑砂浆或混凝土、钢筋、锚管(杆、索)原材料质量及制作质量的检查。

(2)检验项目:①砌石(钢筋混凝土)格构。平面位置、长度、断面尺寸、块石和砌筑砂浆(混凝土)强度、坡度、表面平整度等项目。②锚管(杆)。孔位、孔径、锚固角度、孔深、锚管(杆)杆体材料强度、杆体长度、砂浆配合比与强度等项目。③预应力锚索。参照有关规定。

(3)锚管(杆)应做承载力试验:试验方法参照锚索的有关规定执行。

(4)锚管(杆)的抗拔力应符合设计要求:当锚管(杆)抗拔力不符合要求时,必须加密锚管(杆)补强。

(5)预应力锚管(杆)的抗拔力应符合设计要求:当锚管(杆)抗拔力不符合要求时,必须加密锚管(杆)补强。

11.4.4.2　**质量评定标准**

保证项目:①砌石(钢筋混凝土)格构的原材料质量必须符合设计要求,砂浆、混凝土的配合比应试验确定。②锚管(杆)的原材料质量、孔径、锚固段长度、砂浆强度必须达到设计要求。③预应力锚索按有关规定。

11.4.4.3　**允许偏差项目**

(1)砌石(钢筋混凝土)格构的允许偏差项目应符合表11-5规定。

表11-5　砌石(钢筋混凝土)格构允许偏差项目

项次	检查项目		允许偏差	检查方法
1	轴线位置	浆砌块(片)石 混凝土	±50 mm ±30 mm	每20 m用经纬仪或全站仪检查3点
2	断面尺寸	浆砌块(片)石	±40 mm	每20 m用水准仪检查1点
		混凝土	±20 mm	
3	坡　度		±0.5%	每20 m用铅锤线检查3处
4	表面平整度(凹凸差)	浆砌块石	±20 mm	每20 m用2 m直尺检查3处
		浆砌片石	±30 mm	
		混凝土	±10 mm	

(2)锚管(杆)的允许偏差项目应符合表11-6规定。

表11-6　锚管(杆)允许偏差项目

序号	检查项目	允许偏差	检查方法
1	孔位	±1%	全部,经纬仪、钢尺测量
2	孔深	±50 mm	全部,钢尺测量
3	杆长	±50 mm	全部,钢尺测量
4	锚固角度	<2.5°	全部,钻孔测斜仪

(3)预应力锚索的允许偏差项目应符合表 11-4 规定。

11.4.5 重力挡墙

11.4.5.1 质量检验

(1)检验内容:包括原材料质量,砌石、混凝土、钢筋的制作质量检验。

(2)检验项目:砂浆(混凝土)强度、平面位置、顶面位置、坡度、断面尺寸、底面高程、表面平整度等项目。

11.4.5.2 质量评定标准

保证项目:①重力挡墙的材料强度应符合设计要求,砂浆或混凝土的配合比应经试验确定。②断面尺寸应不小于设计要求。③地基必须满足设计要求。④砌石分层错缝、嵌填砂浆的饱满度和密实度应满足有关规定。⑤墙背填料符合设计和施工规范要求。⑥沉降缝、泄水孔的数量应符合设计要求。

11.4.5.3 允许偏差项目

重力挡墙允许偏差项目应符合表 11-7 的规定。

表 11-7 重力挡墙允许偏差项目

序号	检查项目		允许偏差	检查方法
1	平面位置	浆砌挡墙、干砌片石挡墙	±50 mm	每 20 m 用经纬仪或全站仪检查 3 点
		混凝土挡墙	±30 mm	
2	顶面高程	浆砌挡墙、干砌片石挡墙	±20 mm	每 20 m 用水准仪检查 1 点
		混凝土挡墙	±10 mm	
3	底面高程		±50 mm	每 20 m 用水准仪检查 1 点
4	坡　度		±0.5%	每 20 m 用铅锤线检查 3 处
5	表面平整度(凹凸差)	浆砌块石挡墙	±20 mm	每 20 m 用 2 m 直尺检查 3 处
		浆砌片石挡墙	±30 mm	
		混凝土挡墙	±10 mm	
		干砌片石挡墙	±50 mm	

11.4.6 注浆加固

11.4.6.1 质量检验

(1)检验内容:包括原材料质量,孔位偏差、孔深、被加固体直径和强度、加固范围、加固后岩土体强度、变形和耐久性等。

(2)对注浆效果的检查,应根据设计提出的要求进行,检验时间在注浆结束 28 天后。对于土质松软的地层,宜用标准贯入和静力触探法检测。对于以碎块石为主的地层,宜用超重型圆锥动力触探和钻孔取芯等方法检测。对于岩体,宜采用实测岩体波速和弹性模量的方法进行检测。必要时,应取样送实验室测定加固后土体的抗剪强度。

(3)注浆效果检测点一般为注浆孔数的3% ~5%(重要工程取大值),且不应少于5个。检测点位置应根据现场条件和检测方法由施工单位和设计单位协商解决。

11.4.6.2　**质量评定标准**

保证项目:①加固后的岩土体强度、变形、耐久性和加固范围、深度符合设计要求。②注浆材料的品种、性能、质量、浆液配合比及注浆结束控制标准必须符合有关标准、规范和设计要求。

11.4.6.3　**允许偏差项目**

(1)允许偏差项目可参照表11-8的规定执行。

表11-8　注浆工程允许偏差项目

序号	检查项目	允许偏差	检查方法
1	孔位	±100 mm	经纬仪,抽查2%
2	孔深	±200 mm	查施工记录
3	钻孔偏斜率	≤3%	查施工记录

(2)检验点合格率应大于90%,且检验点的平均值应达到设计要求;否则,在确认设计正确后对不合格的注浆区实施重复注浆。

11.4.7　截排水

11.4.7.1　**质量检验**

(1)检验内容:包括原材料质量,砌石、混凝土及泄水孔检验。

(2)检验项目:①排水沟。长度、平面位置、断面尺寸、沟底纵坡、跌水、表面平整度、砂浆强度等项目。②泄水孔。孔深、孔径、孔斜度等项目。

11.4.7.2　**质量评定标准**

保证项目:①截排水工程的原材料质量必须符合设计要求,砂浆、混凝土的配合比应经试验确定。②排水沟的沉降缝的数量、地下防水工程的埋置深度和反滤层必须符合设计要求,且沟底、沟壁及沉降缝处必须按设计要求进行防渗处理。③泄水孔的深度、孔径必须符合设计要求。

11.4.7.3　**允许偏差项目**

(1)排水沟的允许偏差项目应符合表11-9的规定。

表11-9　排水沟允许偏差项目

序号	检查项目		允许偏差	检查方法
1	长度		-500 mm	不少于2条沟
2	平面位置	邻近建(构)筑物	±50 mm	每20 m用经纬仪或全站仪检查3点
		远离建(构)筑物	±50 mm	
3	断面尺寸		-20 mm	每20 m用直尺检查3处
4	沟底纵坡		±1%	每20 m用水准仪检查1点
5	沟底高程		±50 mm	每20 m用水准仪检查1点
6	表面平整度(凹凸差)		±20 mm	每20 m用直尺检查3处

(2)泄水孔的孔斜度应不大于1%，必须符合设计要求。检查数为5%且不少于2孔。

11.4.8 复绿

11.4.8.1 质量检验项目

(1)复绿为林业(含果园)用地的检验项目:覆土面积、覆土厚度、地面坡度、含石量、土壤性质、排灌设施、防洪设施等。

(2)复绿为渔业用地的检验项目:水源、水质、池塘面积、水深、池底状况、排水防洪设施等。

(3)复绿为建筑用地的检验项目:地面坡度、平整度、地基承载力、变形及稳定性指标等。

11.4.8.2 各项目测试方法

各检验项目的测试可参照表11-10中所列方法进行。

表11-10 各检验项目的测试方法

序号	项目	方法
1	覆土面积	地测法
2	覆土厚度	地测法(多点)
3	地面坡度	地测法
4	土壤性质	参照国家森林土壤测定标准
5	鱼塘水质	参照《渔业水质标准》(GB 11607—89)中所列项目和测试方法
6	景观水域水质	参照《地面水环境质量标准》(GB 3838—88)中Ⅳ、Ⅴ类水域标准所列项目和测试方法
7	建筑用地的地基承载力、变形和稳定性指标	根据《建筑地基基础设计规范》(GB 50007—2002)中的要求项目和方法确定

11.4.8.3 质量合格标准

参见10.3、10.4复垦标准。

11.5 复绿工程

11.5.1 质量检验内容

质量检验内容包括植苗、种子、植生带、草包、草棒、喷播基质(有机质、化学肥料、黏结剂、保水剂等)、网片、锚杆等材料以及坡面平整的质量检验。

11.5.2 检验项目

(1)苗木种子:质量等级、成活率、发芽率、覆盖率等项目。

(2)基质:基质层平均厚度、基质配合比、基质容重(假密度)、基质有效持水量、龟裂宽(平均)、基质侵蚀面积、基质总孔隙度、有机质、全氮、全磷、全钾、pH 值、电导率(EC)、阳离子交换量(CEC)等项目。

(3)坡面修整:边坡平整度、坡度和顺直度等项目。

(4)铺网:网片、锚杆材料的规格及强度等级等项目。

(5)植生带、生态袋、草棒:植生带、生态袋、草棒的质量等级等项目。

11.5.3 质量评定标准与允许偏差

11.5.3.1 评定标准

(1)苗木种子:①苗木质量不应低于 GB 6000—1999 中所规定的二级质量标准;②植物种子应有国家法定种子检验机构出具的检验合格报告,若外地调入的种子还应有符合国家种子调拨规定的检疫报告;③禾本科植物种子质量不应低于 GB 6142—1985 中所规定的二级质量标准;④木本植物种子质量不应低于 GB 7908—1999 中所规定的二级质量标准;⑤不在②、③、④之列的植物种子(如自行采集的乡土树种、乡土草种)在使用前必须进行发芽试验,以确定合适的播种量。

检验方法:执行国家有关规范规定。

(2)基质:①肥料、保水剂等材料的理化性状指标必须符合国家标准或行业标准。检验方法:产品合格证、质保单、检验报告。②基质物理、化学和环保性能指标必须符合设计要求和国家有关技术标准规定。施工前必须做基质配合比试验,当配制基质的原材料改变(包括生产厂家变更)时,应重新制作基质配合比试验。检验方法:基质配合比试验报告,原材料产品合格证、质保单、质量检验报告。③基质应有良好的附着力和黏结力,经得起自然降雨和人工喷灌的液力冲刷而不会出现明显侵蚀及基质层成分(包括种子)的流失(流失体积≤10%)。

(3)坡面修整:①坡面必须符合复绿工程设计要求;②对于地下水渗漏点,必须先设置引排措施。

(4)铺网:①铁桩钉和网片材料的规格及强度等级必须符合设计要求。检验方法:钢筋抗拉、抗拔试验抽样报告或验证产品合格证、质量检验报告。②网片必须按设计要求进行铺装。③网片与坡面间隙保证均匀一致,间隙控制在 2 ~ 6 cm 范围内(由设计者定)。检验方法:抽样检查。抽样频数:每 100 m^2 抽检 2 处。

(5)堆筑生态袋:①台阶必须符合复绿工程设计要求;②生态袋堆筑应保证稳固,必须紧贴下覆岩面,无分离和脱开现象;③生态袋能经受降雨及灌溉的水流冲击,而不致出现草包破裂、土壤被冲刷的现象。

(6)苗期养护:①种子萌发、幼苗生长期间应注意浇灌,保持坡面基质湿润,不应出现基质缺水、幼苗枯死现象。应配备浇灌设施并确保能正常使用。检验方法:现场调查观察。②做好病虫害防治。农药使用必须符合国家农药管理条例。检验方法:现场调查观察。

(7)施工结束后坡面植被覆盖率应符合下列规定:①草棒技术。植物种子出芽率达到 85% 以上,1 个月后覆盖率 80% ,1 年后覆盖率 90% 。②穴植技术。灌木和竹类 1 个月后存活率85%,1年后覆盖率90%。③喷播技术。草本植物1个月后覆盖率70%,3个月后85%,1年后90%,灌木和藤本存活率90%。④容器苗栽植穴规格参照穴植技术中的灌木规格要求,且容器苗生长茁壮,无病虫害,1个月及1年后成活率均为90%。

11.5.3.2 **允许偏差项目**

(1)基质理化技术指标允许偏差项目见表11-11。

表11-11 基质理化技术指标允许偏差项目

<table>
<tr><th colspan="2">项目</th><th>单位</th><th>要求</th></tr>
<tr><td rowspan="9">物理性能</td><td>土质坡面基质厚度</td><td>cm</td><td>普喷≥2~3 cm
客土喷播≥5~8 cm</td></tr>
<tr><td rowspan="3">岩石坡面基质层平均厚度</td><td rowspan="3">cm</td><td>65°以下,≥8~10 cm</td></tr>
<tr><td>65°~80°,≥5~8 cm</td></tr>
<tr><td>80°~90°,≥4 cm</td></tr>
<tr><td>基质容重</td><td>g/cm³</td><td>0.8~1.2</td></tr>
<tr><td>基质有效持水量</td><td>%(体积)</td><td>≥30</td></tr>
<tr><td>龟裂宽(平均)</td><td>cm</td><td>≤0.5(基质不板结,干后无明显的收缩和龟裂现象)</td></tr>
<tr><td>基质侵蚀面积</td><td>%</td><td>≤15</td></tr>
<tr><td>基质总孔隙度</td><td>%</td><td>≥50</td></tr>
<tr><td rowspan="7">化学性能</td><td>有机质</td><td>g/kg</td><td>≥150</td></tr>
<tr><td>全氮</td><td>g/kg</td><td>≥4.0</td></tr>
<tr><td>全磷</td><td>g/kg</td><td>≥1.0</td></tr>
<tr><td>全钾</td><td>g/kg</td><td>≥10.0</td></tr>
<tr><td>pH值</td><td></td><td>6.0~7.5</td></tr>
<tr><td>电导率(EC)</td><td>mS/cm</td><td>0.4~4.0</td></tr>
<tr><td>阳离子交换量(CEC)</td><td>me/100 g</td><td>≥15</td></tr>
</table>

(2)坡面修整允许偏差项目见表11-12。

表11-12 复绿边坡修整允许偏差项目

序号	检查项目	允许偏差	检查方法
1	边坡坡度	不大于设计值	坡度尺,每200 m检查4处
2	边坡平整度	10~16 cm/m²	钢尺,直尺100~200 m²检查1处
3	边坡顺直度	前后坡面交错不超过20 cm,同一级平台高度差不超过20 cm	钢尺,直尺根据现场而定

注:允许偏差值可根据实际情况在设计中确定。

第12章　裸露山体生态恢复和水土保持经济学

12.1　裸露山体生态恢复和水土保持经济学的意义

我国的裸露山体生态系统退化严重，水土保持任务艰巨。面对严重的生态破坏和水土流失，如何搞好退化生态系统的恢复和治理水土流失，成为我国可持续发展的的重要任务。实践表明，一个生态系统的恢复过程是一个或多个价值的价值过程或特征，也就是说，它不仅是一个生态恢复、水土保持的过程，也是经济损失、经济投入、价值恢复以及资源开发与处理的社会经济过程，生态系统恢复和水土保持与经济价值的联结将有助于生态系统恢复和水土保持工作的成功。为了更好地进行生态恢复、水土保持的管理工作和实施生态系统可持续管理，应该建立一门新的学科——生态恢复、水土保持经济学，从而形成一个系统的生态恢复经济理论框架。

生态恢复经济学是对生态系统退化、恢复和重建进行管理的一门学科，不论贫富国家，建立和发展这门适用的、新型的学科都是迫切之需。生态恢复经济学的建立，可在两个方面为人类知识的发展做出贡献：一是扩展恢复生态科学的内涵，使人们对于生态恢复问题的认识增添了经济分析这个极为重要的视角；二是实现经济科学在比较现实与客观的基础上得到发展，增强经济学对社会现象与人类行为的解释力，为人类进行生态恢复、水土保持的现实行动提供帮助。

12.2　生态恢复、水土保持经济学的支撑理论

12.2.1　恢复生态学理论

恢复生态学是研究生态系统退化的过程与原因、退化生态系统恢复的过程与机理、生态恢复和重建的技术与方法的科学。恢复生态学的基础理论主要是生态系统演替、生态系统的脆弱性、生态恢复参照系、景观理论和方法在生态恢复上的使用、生态系统处理、生态系统服务等。恢复生态学及其相关的理论对生态恢复经济学的建立和发展具有重要的作用。

12.2.2　经济学理论

经济学研究的是一个社会如何利用稀缺的资源以生产有价值的物品和劳务，并将它

们在不同的人中间进行分配。经济学的理论基础是价格理论、供求理论、消费者行为理论、生产理论、市场结构理论、国民收入决定论、经济周期理论、经济增长理论、通货膨胀理论等。

12.2.3 生态经济学理论

生态经济学是综合不同学科的思想,是针对目前人类经济系统所产生的问题及其对地球生态系统的影响来研究整个地球生态系统和人类经济亚系统的科学。生态经济学的理论基础主要是生态学、经济学、系统学和热力学定律以及环境伦理学等。

12.3 生态恢复经济学的内涵

12.3.1 生态恢复、水土保持经济学概念

生态恢复经济学是建立在动态性、发展性和生态性基础上的多种理论的有机整合,是恢复生态学和经济学相互交叉渗透并有机组合所形成的一门生态经济分支学科,是一门跨越自然科学和社会科学的交叉边缘学科。它的学科理论和方法很多来源于恢复生态学、生态经济学和经济学等,研究生态恢复经济问题需要跨学科的交叉和合作。

由于包括山体矿山在内的地球资源的有限性与人类和社会发展的极限性,如果人们持续地以不合理的方式开发资源并不断地破坏环境,超过了地球的承载极限,其结果必然是人类社会突然地、不可控制地瓦解。从生态恢复的研究角度来看,主要包括两个过程,即生态系统的退化和恢复过程。而生态恢复、水土保持经济学则包括 3 个过程:生态系统退化和水土流失的经济损失、生态系统恢复和水土保持项目的成本费用以及退化生态系统恢复和水土流失治理过程中的经济价值。综上得出生态恢复经济学的概念:它是评估退化生态系统退化过程中的经济损失、分析退化生态系统恢复期间的成本效益以及评价恢复过程中的经济价值动态变化的一门交叉性学科。它是以人类可持续发展为核心,研究生态系统退化、恢复和重建过程中生态系统与经济系统之间客观运动规律及其机理的一门科学。

12.3.2 生态恢复、水土保持经济学的内容

生态恢复经济学主要关注退化的、受损的或被毁的生态系统及其恢复和重建的经济学问题,其研究内容主要涉及以下三方面。

12.3.2.1 生态退化、水土流失的经济损失评估

生态系统退化、水土流失过程的经济损失,主要是由于生态系统退化而产生的生态资本减少,以及生态价值(如土壤保持价值、CO_2 贮存价值、O_2 释放价值、温度调节价值等),降低所造成的生态经济损失,包括直接经济损失和间接经济损失。直接经济损失,是生态系统中的生态资源作为生产要素价值的损失,这个价值是由市场所决定的,并可以用经济价格计量出来。间接经济损失,是生态系统中生态资源的非生产要素价值丧失所隐含的

经济损失。

12.3.2.2 生态恢复、水土保持的经济可行性分析

退化生态系统的恢复和水土保持过程需要长期的管理投入，而良好的经济效益是维系恢复的保障，没有经济效益做基础，恢复结果也难以维系，环境可能继续恶化。因此，需要根据生态恢复和水土保持的目标及实际需求，估算退化生态系统的损失额，确定生态恢复投资规模、资金来源、投资方式、时空分配、运行规律、恢复效果以及恢复资金投资策略等。

12.3.2.3 生态恢复、水土保持过程中的价值评估

退化生态系统经过恢复与重建，能够产生良好的生态效益、经济效益、社会效益。通过改善生态系统结构和功能、增加生态系统群落的多样性和稳定性、促进退化植被及生境土壤的恢复和发展、改善小气候环境等，产生良好的生态效益，增加直接经济价值和间接经济价值，带动周边社区的协调稳定发展，提高社会效益。退化生态系统在不断恢复期间，生态系统的服务功能将不断发生变化，其经济价值将不断增加。退化生态系统恢复是一个长期的恢复过程，在不同的恢复时期将会产生不同的经济价值；退化生态系统经过长期的恢复，其某些功能的恢复经济价值的发展过程将会在某一个时期达到稳定状态。同时，在恢复期间将产生社会效益，改善周边社区居民生活，促进经济发展。

12.3.2.4 生态恢复、水土保持经济管理流程

恢复生态学、水土保持学的研究对象是在自然或人为干扰下形成的偏离自然状态的退化生态系统。生态恢复的目标包括恢复退化生态系统的结构与功能，其长期目标是通过恢复与保护相结合，实现生态系统的可持续发展。因此，生态恢复经济学研究需要从经济学角度出发，以生态恢复理论作为研究基础，来确定生态恢复和水土保持经济流程。首先，对退化生态系统进行现状评估，在不同尺度上来考虑对恢复对象的投资需求，估算固定的和动态的管理成本与运行费用；其次，确定优先恢复领域，制定合理的投资结构，把目前无法实现的恢复资金需求，通过时间分解实施；再次，随着社会经济和恢复对象的发展，考虑在扩大恢复范围的要求下所需投资，及时调整恢复对策，提出相应的动态规划和经济对策；最后，还要考虑评估退化生态系统恢复后的经济价值和社会效益。

生态恢复、水土保持经济管理流程见图 12-1。

12.4 生态恢复、水土保持经济学的学科地位

生态恢复、水土保持经济学是恢复生态学与生态经济学相结合的综合学科，它是生态经济学的重要分支学科，也是恢复生态学的分支学科，因此它是交叉学科。虽然生态恢复经济学是两学科的交叉，但又不能把它理解成是恢复生态学和生态经济学或者其他相关学科的简单机械地叠加，而是这些学科经过相互融汇贯通并有机组合形成的一门新兴学科。生态学和经济学交叉形成生态经济学，而生态经济学和恢复生态学交叉形成生态恢复经济学。

生态恢复经济学在生态经济学的学科体系中属于专门性生态经济学的范畴。因为生态经济学是从宏观和基本理论上研究人类社会经济系统与自然生态系统结合而成的生态

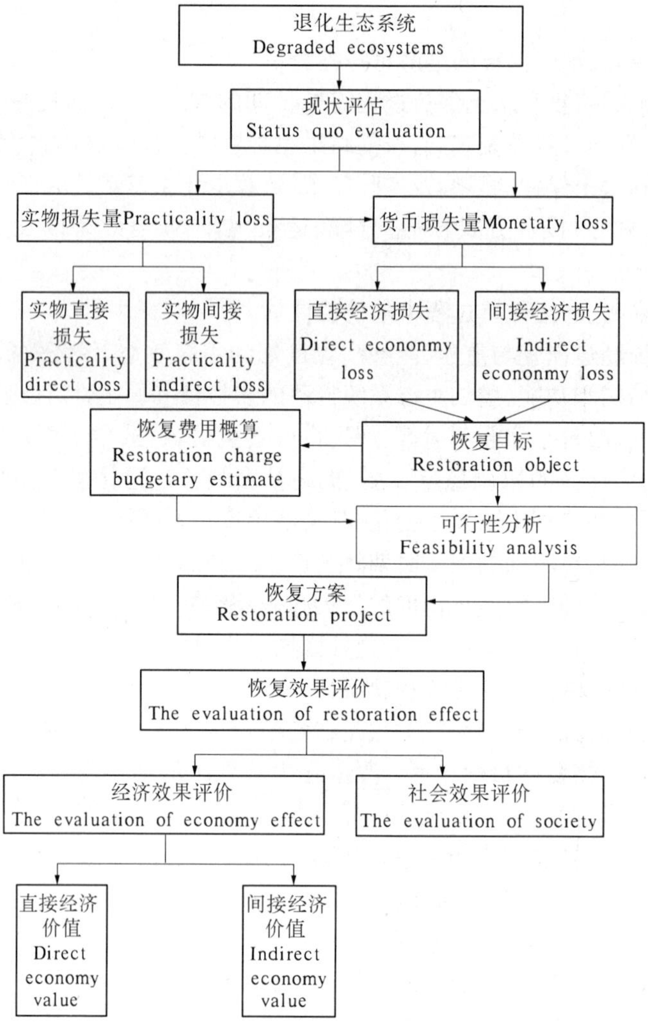

图 12-1　生态恢复、水土保持经济管理流程

经济系统运动基本规律的学科。按其研究对象的不同可分为三大类:专门性生态经济学科、部门性生态经济学科和区域性生态经济学科。生态恢复经济学主要研究专门领域的生态恢复的经济理论问题,可把它归入专门性生态经济学科中。

12.5　生态恢复、水土保持经济学的特点

12.5.1　生态恢复、水土保持经济学的综合性

生态恢复经济学所要解决的是关于整个生态系统退化与恢复的经济过程,因此其需要一些相关学科的综合。这些相关学科既包括自然科学,也包括社会科学。其中自然科学有生态学、恢复生态学、林学、工程学、环境学和地理学等;社会科学包括经济学、系统

学、伦理学、人文经济学、资源经济学、环境经济学和区域经济学等。因此,生态恢复经济学具有多学科相结合的综合性特征。

12.5.2 生态恢复、水土保持经济学的实践性

人类对生态系统资源的过度利用,强烈地干扰甚至破坏了生态系统的平衡,造成全球性生态系统退化。生态恢复经济学实践性特征主要表现在整个生态恢复经济学学科是以社会现实的退化及恢复生态经济系统为研究对象,并以解决实际生态经济问题为主要目的。生态恢复经济学能够评估出直接投入以及产生的经济效益,在生态系统退化与恢复过程中为当地的 GDP 提供参考,增加个人收入等,同时恢复的生态系统将为人类提供游憩场所、保证当地居民的健康等。

12.6 生态恢复、水土保持经济学的研究对象

生态恢复、水土保持经济学是生态经济学的重要分支学科之一,是研究一个系统的两个方面,即生态系统退化的经济过程以及生态系统恢复的经济过程,也就是说,生态恢复经济学所研究的是生态系统退化与恢复的经济系统。退化生态系统所恢复和保护的生态资源是生态系统对人类的生产和消费具有使用价值的物质与能量,在对各种退化生态系统恢复和保护中又需要利用各种社会经济资源。因此,人类在恢复和重建退化生态系统的过程中,都在形成以恢复和重建的生态系统为中心的生态恢复系统。这就形成了生态恢复经济学的研究对象。

12.7 展望

退化生态系统能否得到恢复,实现可持续发展,首先取决于恢复目标是否科学合理,即对退化生态系统恢复生态学及其生态学研究是否深入;其次有赖于在恢复实践中能否很好地进行生态系统恢复与经济价值的联结,能否将有限的恢复资金进行科学使用,并对所缺恢复资金进行合理筹措;再次要考虑恢复期间的变化趋势,其经济价值是如何变化的。本书推荐彭少麟等提出的生态恢复经济学学科的概念、内容及特点,希望能为裸露坡面生态恢复治理和水土保持经济研究提供参考。

参考文献与资料

[1] 陈祖煜. 土质边坡稳定分析(原理方法程序)[M]. 北京:中国水利水电出版社,2003.

[2] 方华,欧阳育林,林建平,等. 裸露山体生态整治的技术与行政措施[J]. 水土保持研究,2004,11(1):171-173.

[3] 吴长文,章梦涛,付奇峰. 斜坡喷播绿化技术的研究[J]. 中国水土保持,2000(4):24-26.

[4] 张俊云,李绍才. 岩石边坡植被护坡技术(2)厚层基材的组成特性[J]. 路基工程,2000(5):4-6.

[5] 张俊云,李绍才. 厚层基材喷射种植基的物理特性[J]. 岩石力学与工程学报,2001,20(1):1010-1014.

[6] 钟晓,吴长文,等. 绿化笼砖在治理岩质陡坡中的应用[J]. 中国水土保持学报,2004(3):119-121.

[7] 高丽霞,刘水,陈阳春,等. 广州南沙裸露山体植被生态修复工程土建技术应用及评价[C]//全国边(滑)坡工程建设与防护技术交流研讨会论文集. 2007:150-152.

[8] Cullen W R, Wheater C P, Dunleavy P J. Establishment of species-rich vegetation on reclaimed limestone quarry faces in Derbyshire UK[J]. Biol. Conser. 1998(84):25-33.

[9] 罗松,郑天媛. 裸露山体遗留石质开采面阶梯整形覆土绿化方法研究[J]. 中国水土保持,2001(2):36-37.

[10] 高丽霞 ,孔旭晖 ,曹震. 广东裸露山体植被生态恢复技术及存在的问题[J]. 仲恺农业技术学院学报,2005,18 (3):51-53.

[11] Whiting G J, Chanton J P. Plant-dependent CH_4 emission in a subarctic canmian fen[J]. Global Biogeochemistry Cycles,1992(6):225-231.

[12] 鲁统春,高德武,王创争,等. 废弃裸露山体植被快速恢复研究[J]. 水土保持研究,2006,13(6):115-120.

[13] 李兴伟,王振师,李小川. 裸露山体复绿经济价值评估[J]. 广东林业科技, 2006, 22(3):68-71.

[14] 谭少华,汪益敏. 高速公路边坡生态防护技术研究进展与思考[J]. 水土保持研究,2004,11(3):81-84.

[15] 林建平,梁杰明,陈天富. 华南建设迹地岩土坡的基本形态和生态整治技术探索[J]. 水土保持研究,2004,11(3):135-139.

[16] 王存存 ,陈东田,王永佼. 论裸露山体的生态恢复和景观重建[J]. 山东林业科技, 2006(6):46-48.

[17] 夏汉平,蔡锡安,彭彩霞. 5 种爬藤植物垂直绿化的效果比较[R]. 中国科学院华南植物园, 2006:1-9.

[18] 冷平生. 园林生态学[M]. 北京:中国农业出版社,2003.

[19] 陈法扬. 城市化过程中的废弃裸露山体治理技术探讨[J]. 中国水土保持,2002(5):39-40.

[20] 方华,林建平,莫江明. 裸露山体生态重建的有关问题[J]. 生态环境,2006,15(3):654-658.

[21] 李青芳,何宜典. 公路边坡防护与生态修复[C]//第二届边(滑)坡工程建设与边坡生态防护技术研讨会论文选编. 2007.

[22] 王亚飞,毕红梅. 保水剂的应用现状及发展前景[J]. 黑龙江八一农垦大学学报,2006,18(5):77-

80.
[23] 黄占斌,张国桢,李秧秧,等.保水剂特性测定及其在农业中的应用[J].农业工程学报,2002,18(1):22-26.
[24] 赵永贵.保水剂的开发及应用进展[J].中国水土保持,1999(5):52-54.
[25] Bradshaw A. Restoration of minedlands- using natural processes[J]. Ecological Engineering,1997(8):255-269.
[26] Kettunen A,Kaitala V,Alm. Predicting variations in methane emissions from boreal peat lands throng regression models[J]. Boreal Environment Research,2000(5):115-131.
[27] 聂磊,等.城市园林绿化与生物多样性保护[J].中山大学学报论丛,2002,22(3):23-26.
[28] 曾德慧,姜凤歧.生态系统健康与人类可持续发展[J].应用生态学报,1999,10(6):751-756.
[29] 包满珠,李如生.浅谈园林建设与生物多样性保护的关系[J].中国园林,1998,14(1):8-10.
[30] 孙卫邦.乡土植物与现代城市园林景观建设[J].中国园林,2003(7):63-65.
[31] 吴犬荣.浅谈岭南园林植物特色[J].中国园林,2003(7):70-73.
[32] 强胜.世界恶性杂草——紫茎泽兰研究的历史及现状[J].武汉植物学研究,1998,16(4):366-372.
[33] 弓明软,陈应龙,仲崇禄.菌根研究及应用[M].北京:中国林业出版社,1997.
[34] 刘新荣,等.抗滑桩在边坡工程中的研究进展及应用[J].中国地质灾害与防治学报,2006(1):56-62.
[35] Wright H. D1Local stability of filled and encased steel sec2tions [J]. 1ASCE , Journal of structural engineering , 1995(121) :1382-1388.
[36] Uy B ,Bradford M. A1Elastic local buckling of thin steelplates.
[37] U gai K1Stat lc snd dynam ic analyses of slopes by the 3-D elasto2p last ic FEML and slides In: Internat ionalSylnpo sium on landslides. 1996.
[38] 赵尚毅, 郑颖人, 邓卫东.用有限元强度折减法进行节理岩质边坡稳定性分析[J].岩石力学与工程学报,2003, 22 (2):343-346.
[39] 朱伯芳.有限元原理与基础工程[M].北京: 中国水利水电出版社, 1998.
[40] 张鲁渝, 郑颖人,赵尚毅,等.有限元强度折减系数法计算土坡稳定安全系数的精度研究[J].水利学报, 2003 (1):21-27.
[41] 马建勋, 等.基于强度折减法的边坡稳定性二维有限元分析[J].岩石力学与工程学报, 2004, 23(16):2690-2693.
[42] 陈忠达.挡土墙允许稳定系数取值方法的探讨[J].山西交通科技, 1995(1).
[43] 杨洪涛.浅析重力式挡土墙设计理论及方法[J].山西建筑, 2005(16):131-132.
[44] 顾慰慈.挡土墙土压力计算[M].北京: 人民交通出版社, 2000.
[45] 王建林, 等.山区公路高挡墙稳定性评价与养护加固对策研究[R].2003.
[46] 周群华,邓卫东. 边坡植物根系锚固作用机理的研究进展[C]//PP公路边坡及其环境工程技术交流会论文集. 北京:人民交通出版社,2005.
[47] 周跃. 云南松林侵蚀控制潜能[M].昆明:云南科技出版社,1999.
[48] 李会科,王忠林,贺秀贤. 地埂花椒林根系分布及力学强度测定[J].水土保持研究,2000,7(1):38-41.
[49] 陈少雄,王述银,陆建华. 三峡大坝外部混凝土抗冻融耐久性试验研究[J].长江科学院院报,1998,15(6):8-11.

[50] 刘荣桂,吴智仁,陆春华,等. 护堤植生型生态混凝土性能指标及耐久性概述[J]. 混凝土, 2005(2):16-20.
[51] 刘荣桂,陆春华,等. 现代预应力结构耐久性(碳化) 模型研究[J]. 工业建筑,2004(4):69-72.
[52] 金伟良,赵羽习. 混凝土结构耐久性[M]. 北京:科学出版社,2002.
[53] Patric J H,et al. Soil water absorption by mountain and piedmont[J]. Forests Soil Science of America Proceedings,1965(29):303-308.
[54] Wu T H. Investigation of landslides on Prince of Wales Island,Alaska[R]. Gcotechnical Engineering Report No. 5. Department of eivil Engineering. Ohio State University,Columbus Oh,1976:94.
[55] USDA Soil Conservation Service. Predieting rainfall erosion losses :a guide to conservation planning[S]. Washington,D C. USDA Agricultural Handbook,# 537,1978.
[56] Oloughlin C L. The effects of timber removal on the stability of forest soil[J]. Journal Hydrology(NZ), 1974(13):121-134.
[57] Rensterberg M M. Anchoring of thin Colluvium by roots of sugar maple and white ash on hillslope in the Cincinnati[M]. US. Gcological Survey Bulletin 2059-E. U. S. Washington,D C:Government Printing Office,1994.
[58] Watson A J,Loughlin C L O. Morphology,strength and biomass of Manuka roots and their influence on slope stability[J]. New Zealand Journal of Forestry Science, 1985, 15(3):337-348.
[59] Watson A J,Loughlin C L O. Struetural root morphology and biomass of three age classes of Pinus radiata [J]. New Zealand Journal of Forestry Science,1990,20(1):97-100.
[60] Nilaweera N S. Effeets of tree roots on slope stability:the ease of Khao Luang Mountain area,Thailand [D]. Bangkok:Asian Institute of Technology,1994.
[61] Swanston D N. Slope stability problems associated with timber harvesting in mountainous regions of the western United State[R]. USDA Forest Service General Techical Report PNW-21,1974:14.
[62] Waldron L J,Dakessin S. Soil Reinforcement by roots:ealculation of increased soil shear resistance from root property[J]. Soil science,1981,132(6):427-435.
[63] Shewbridge S E,N Sitar. Deformation characteristies of reinforced sand in direct shear[J]. Journal of Geolechnical Engineering(ASCE),1989,115(GT8):1134-1147.
[64] Shewbridge S E,N Sitar. Deformation based model for reinforced sand in direct shear[J]. Journal of Geotechnical Engineering(ASCE),1990,116(GT7):1153-1157.
[65] Wu T H ,Mckincll W P,Swanston D N. Strength of tree roots and landslide on Prince of Wales Island [J]. Alaska. Canadian Geoteehnical Journal,1979,16(1):19-33.
[66] Gray D H,Fmegahan W. Forest vegetation removal and slope stability in the Idaho Batholith[R]. USDA Rescarch Paper INT-271,Ogden,UT,1980:23.
[67] Wu T H,Macomber R M,R l E,et al. Study of soil-root interaction[J]. Journal of Geolechnieal Engineering(ASCE). 1988,114(GT 12):1351-1357.
[68] Wu T H,Beal P E,Lan C. In-situ shear test of soil-root systems[J]. Journal Geotechnical Engineering (ASCE),1988,114(GT12):1376-1394.
[69] Burroughs E R,Thomas B R. Declining root strength in Douglas fir after felling as a factor in slope stacility[R]. Rescarch Paper INT-190,International Forest and Range Experiment Station,US Forcst Service, Ogden,UT,1997:27.

[70] Endo, Suruta T T T. The effect of tree roots upon the shearing strength of soil[R]. Annual Report of the Hokkaido Branch , Tokyo Forest Experimcnt Station, 1969(18): 168-179.
[71] Kozlowski T T. Growth and Development of Trecs[M]. New York: Aeademic press, 1969: 520.
[72] Gray D H, Ohashi H. Mechanies of fiber reinforcement in sands[J]. Journal of Geotechnical Engineering (ASCE). 1990, 116(11): 1661-77.
[73] 李一为,等. 京西矿业废弃地生境特征及植被演替研究[D]. 北京:北京林业大学,2007.

后 记

随着我国经济建设的蓬勃发展，对砂石料的需求量迅猛增长，在改革开放30多年里，各地采石、取土场数量呈激增之势。由于开发过度而治理复绿技术滞后，水土流失严重，生态景观遭到严重破坏，满目疮痍的“城市疮疤”和“地球疤痕”随处可见。例如，广东是全国裸露山体开采最为严重的省份之一，据统计，目前在广东总计约有13 000个裸露山体，深圳市2 020 km^2 的土地中，就有大大小小的废弃裸露山体600多个，形成了与广东经济发展和环境保护极不协调的局面。不论石壁复绿的技术多么有效、多么完美，还应从源头抓起，即找到裸露山体开采导致环境破坏的因子，同时采取有效措施尽可能将破坏程度降到最低。

目前，我国各地的裸露山体在开采与治理恢复方面还存在不少问题，主要表现在：一是不少裸露山体未贯彻边开采边复绿、谁破坏谁治理的原则，使裸露山体开采后留下无人治理的“疮疤”；二是未能依法足额收取环境治理保证金，复绿资金不落实；三是开采方式不当，致使复绿难度人为加大；四是复绿过程中存在较大的安全隐患。针对以上问题建议：①加强石壁复绿的科学研究和技术攻关，加大这方面的科技投入，尽早实现石壁复绿的新技术革命；②尽可能少采石，特别是小规模、无证的开采应予制止；③尽可能在远离城市和主要交通干道的偏远地方开采，以减少对城市景观的影响，明确划定禁采区范围和整治重点地区；④确保实施“谁破坏谁治理、谁受益谁复绿”的原则，同时尽可能做到边开采、边治理、边绿化，将开采与治理有机结合起来；⑤采取合理的开采方式，如缓坡开采、台阶开采等，以利于石壁的复绿，加强执法力度和行政措施，实现以法开采、文明开采，杜绝非法开采行为；⑥普及生态环保知识，提高人们的环境意识，大力宣传“保护生态环境，就是保护我们的家园，也是企业的最大效益”等环保理念。

彩图 1　台湾相思

彩图 2　银合欢

彩图 3　侧柏

彩图 4　柏木

彩图 5　车桑子

彩图 6　滨柃

彩图 7　火棘

彩图 8　石楠

彩图 9　小蜡

彩图 10　金丝桃

彩图 11　桃金娘

彩图 12　野牡丹

彩图 13　五色梅

彩图 14　龙船花

彩图 15　伞房决明

彩图 16　木豆

彩图 17　山毛豆

彩图 18　海桐

彩图 19　沙冬青

彩图 20　胡颓子

彩图 21　金樱子

彩图 22　多花木兰

彩图 23　马棘

彩图 24　胡枝子

彩图 25　紫穗槐

彩图 26　刺槐

彩图 27　栾树

彩图 28　荆条

彩图 29　金雀儿

彩图 30　白刺

彩图 31　沙棘

彩图 32　小檗

彩图 33　连翘

彩图 34　盐肤木

彩图 35　火炬树

彩图 36　黄栌

彩图 37　爬墙虎

彩图 38　葛藤

彩图 39　矮紫薇

彩图 40　大叶醉鱼草

彩图 41　二月兰

彩图 42　马兰

彩图 43　波斯菊

彩图 44　金鸡菊

彩图 45　小冠花

彩图 46　石竹

彩图 47　紫花地丁

彩图 48　酸模